辽河口滩涂
底栖动物和鸟类生态图鉴

张安国　袁秀堂　余　炼　主　编
宁鹏飞　宋　钢　汪志文　副主编

海洋出版社

2023 年·北京

图书在版编目（CIP）数据

辽河口滩涂底栖动物和鸟类生态图鉴 / 张安国，袁
秀堂，余炼主编；宁鹏飞，宋钢，汪志文副主编 .—北
京：海洋出版社，2023.12

ISBN 978-7-5210-1222-4

Ⅰ . ①辽… Ⅱ . ①张… ②袁… ③余… ④宁… ⑤宋
… ⑥汪… Ⅲ . ①辽河—河口—底栖动物—图集②辽河—
河口—鸟类—图集 Ⅳ . ① Q958.8-64 ② Q959.708-64

中国国家版本馆 CIP 数据核字（2023）第 233883 号

责任编辑：程净净

责任印制：安　淼

海洋出版社　出版发行

http://www.oceanpress.com.cn

北京市海淀区大慧寺路 8 号　邮编：100081

鸿博昊天科技有限公司印刷　新华书店经销

2023 年 12 月第 1 版　2023 年 12 月第 1 次印刷

开本：787mm×1092mm　1/16　印张：8.25

字数：120 千字　定价：98.00 元

发行部：010–62100090　总编室：010–62100034

海洋版图书印、装错误可随时退换

张安国，博士，国家海洋环境监测中心副研究员。主要从事河口滩涂贝类资源保护与修复、大型底栖动物生物多样性研究工作。先后主持国家自然科学基金面上项目 1 项、辽宁省自然科学基金 1 项、国家重点实验室开放基金 2 项、山东省重点实验室开放基金 1 项，参与海洋公益性科研专项等课题 2 项。发表论文 30 余篇（第一作者 SCI 论文 12 篇、EI 论文 1 篇），主编专著 1 部、参编专著 2 部，获批发明专利和实用新型专利各 1 项，软件著作权 4 项，编制地方标准 2 项。获得海洋工程科学技术奖二等奖（2022 年）、宁波市科技进步奖二等奖（2020 年）等科技奖励 3 项。环境科学领域高质量科技期刊评价专家，担任 *Environmental Pollution*、*Marine Pollution Bulltin* 等生态环境国际主流期刊审稿工作。

袁秀堂，博士，中国科学院海岸带研究所研究员，博士生导师。2014—2015 年英国 Plymouth University 和 Plymouth Marine Laboratory 访问学者。中国海洋学会海洋生物资源专家委员会理事，联合国黄海大生态系渔业组专家，中国太平洋学会海洋标准化分会理事，中国海洋湖沼学会养殖生态学分会理事，中国海洋湖沼学会棘皮动物分会理事，现代海洋牧场联盟特聘专家，*Frontiers in Marine Science* 期刊副主编，*Biology* 期刊和 *Water* 期刊客座编辑。

长期从事人类活动和气候变化对海洋生物及生态系统的影响。近年的研究兴趣聚焦于海洋酸化和变暖对海参类棘皮动物的影响；河口生物多样性对人类活动（养殖活动、污染等）和气候变化的响应，以及河口重

要生物资源修复及其环境效应评价、滩涂生态农牧场技术与模式等。主持国家自然科学基金、国家重点基础研发项目课题、海洋公益性科研专项子任务等 10 余项。已在 *Environmental Science and Technology*、*Reviews in Aquaculture*、*Marine Pollution Bulltin*、*Aquaculture* 等期刊发表论文 80 余篇；撰写中文专著 2 部，参与中英文专著 8 部；曾获海洋工程科学技术奖二等奖 3 次（2014 年、2017 年、2022 年）。

余炼，中国野生动物保护协会志愿者委员会委员，辽宁野生动物保护协会理事，锦州野生动物和湿地保护协会副会长。长期在辽河、大凌河等滨海湿地组织日常巡护工作，长期监控辽河、大凌河等滨海湿地的候鸟繁殖、越冬、迁徙状况。2017 年，获得中国野生动物保护协会"护飞行动"先进个人；2018 年，获得中国野生动物保护协会"斯巴鲁生态保护奖""斯巴鲁生态保护先进志愿者奖"。

辽河口滩涂底栖动物调查团队相关人员（上：2016 年春季，下：2018 年秋季）

辽河口滩涂鸟类调查团队相关人员

2015 年"偶遇"法国科研人员

盘山县渔业管理部门

现场调查使用的马车和拖拉机

现场调查

样品鉴定分析

辽河口文蛤资源养护

当地渔民"赶"海

序 言

　　辽河口位于渤海辽东湾的顶部，是我国纬度最高的入海河口。辽河口滩涂由辽河、大辽河和大凌河等河流冲积而成，滩涂面积达 3.5×10^4 hm^2，是我国渤海目前少有的、保留较为完好的滩涂生态系统之一。辽河口滩涂保存着典型的温带滨海湿地生态系统和独特的河口湿地景观；另外，季节性冰凌、冻融等现象使这里形成了独特的湿地生态系统物质循环和交换特征。辽河口滩涂底栖动物资源丰富，以其作为食物的鸟类众多。因此，辽河口滩涂生境特色鲜明、生物区系独特，具有较高的代表性以及生态保护和科学研究价值。

　　目前，辽河口高等植物图志方面已有出版物，但滩涂底栖动物和鸟类的生态图鉴资料匮乏。编者团队经过近 10 年的现场调查研究，以厘清辽河口底栖动物 – 鸟类食物链为切入点，整理了辽河口滩涂主要大型底栖动物和鸟类图像及其生态学资料，汇编成《辽河口滩涂底栖动物和鸟类生态图鉴》一书。本书的主要目的有三，一是补充完善辽河口滩涂底栖动物和海鸟或水鸟分类学等基础资料；二是记录和总结过去 10 余年对辽河口滩涂大型底栖动物和鸟类保护等主要工作成果；三是为后期辽河口滩涂生境和生物资源保护修复评估提供重要的基础背景资料参考。在本书中，辽河口滩涂大型底栖动物的主要特征和基本状况主要从分类地位、形态特征和生态习性三个方面来描述；辽河口海鸟或水鸟栖息摄食的主要特征和基本状况主要从分类地位、形态特征、生态习性（尤其是摄食习性）和保护级别四个方面来描述。

　　本书以彩色图谱和文字的形式，收录了辽河口滩涂大型底栖动物种类 54 种（主要包含环节动物、软体动物、节肢动物）和 42 种鸟类，书中的所有图片均为实体彩色照片，更加直观和易于对照。本书图文并茂，兼具科学性、知识性和观赏性，可供动物学、海洋生物学、生物多样性和生态学等专业的院校师生和科研管理人员参考使用。

本书由国家海洋环境监测中心张安国博士、中国科学院烟台海岸带研究所袁秀堂研究员、锦州市野生动物和湿地保护协会余炼老师、天津市水产研究所海洋生态环境监测站宁鹏飞高级工程师、凌海市达莲海珍品养殖有限责任公司宋钢高级工程师和国家海洋环境监测中心汪志文博士等科研人员共同编写。在大型底栖动物调查监测和专著撰写过程中也得到了国家自然科学基金面上项目"河口滩涂大型底栖动物对'退养还滩'的生态响应——以辽河口为例"（42276136）、国家海洋公益性行业科研专项重点项目"典型海湾生境与重要经济生物资源修复技术集成及示范"（200805069）、"典型海湾受损生境修复生态工程和效果评价技术集成与示范"（201305043）、华东师范大学国家重点实验室开放基金"辽河口滩涂大型底栖动物生物多样性对生境变化的响应"（SKLEC-KF201911）、中国海油海洋环境与生态保护公益基金"辽河口湿地公园"退养还滩"生态修复工程监测评估"（CF-MEEC/TR/2023-19）等课题的支持，特此感谢！文中所用照片除了编者拍摄外，还要感谢国家海洋环境监测中心李洪波高级工程师、张广帅副研究员，浙江海洋大学杨晓龙副研究员提供相关照片！感谢国家级文蛤原种场赵凯高级工程师，感谢国家海洋环境监测中心袁蕾、马恭博、陈元、高峰等同事，以及我的学生丛鹏辉、刘凯跃等对大型底栖动物野外现场调查的大力支持。另外，在调查过程中也得到了当地渔业有关部门和当地渔民的大力支持，在此谨致谢忱。

由于作者水平有限，加上时间仓促，不妥之处在所难免，敬请读者批评指正。

张安国

2023 年初秋于大连凌水湾畔

Contents |目 录|

第 3 章
辽河口滩涂鸟类

第1章

辽河口滩涂生境及生物资源概况

一、基本概况

　　辽河口位于渤海辽东湾的顶部（图1–1），地处环渤海陆海交汇的重要地带，是我国纬度最高的入海河口。与我国其他入海河口相比，结冰期长是其独有特征之一。辽河口滩涂由辽河、大辽河和大凌河等河流冲积而成，主要包括辽河入海口与大凌河入海口之间的盘山滩涂和蛤蜊岗，滩涂面积达 $3.5 \times 10^4 \, hm^2$，占整个辽东湾滩涂面积的56%。辽河口滩涂大型底栖动物资源丰富，同时也是鸟类迁徙停歇或繁殖的重要场所之一。因此，"滩涂–底栖动物–海鸟或水鸟"成为辽河口最具特色的自然生态景观。

图1–1
辽河口及其滩涂生境（袁秀堂等，2021）

二、湿地景观独特

　　淡水和海水周期性交替，支撑着辽河口区域湿地生态系统淡水和海水地带性生物区系的形成发展。辽河口湿地以芦苇和翅碱蓬为主要植被群落（图 1–2），湿地生态景观独特，是我国北方平原河流植物群落次生演替的典型代表。辽河口以芦苇为优势种的植被群落与周边的苇田构成了全球范围内保存最完好、面积居亚洲第一位的芦苇沼泽。此外，辽河口拥有全球罕见、面积最大的"红海滩"景观（翅碱蓬，仅为辽河口、黄河口和鸭绿江口特有耐低温的盐生先锋植物），成为重要的生态旅游资源。因此，辽河口滩涂具有独特的"浅海水域—光滩—翅碱蓬群落—翅碱蓬芦苇群落—芦苇群落"的自然演替景观格局，形成了由海向陆红绿分明的带状植物分布。

三、底栖动物资源丰富

　　辽河口滩涂的大型底栖动物资源丰富，大型底栖动物 29 种（Zhang et al., 2016），主要由环节动物门、软体动物门和甲壳动物门的种类组成（表 1–1）。

图 1–2
芦苇与翅碱蓬（张广帅提供）

表1-1　辽河口滩涂大型底栖动物优势种状况（2013—2020年）

优势种	2013年	2014年	2015年	2016年	2017年	2018年	2019年	2020年
光滑河篮蛤	0.703	0.535	4.922	0.191	0.975	—	0.096	2.574
四角蛤蜊	—	—	0.038	0.027	0.066	0.186	0.053	—
托氏蜎螺			0.133	0.064	0.359	0.147	0.113	
囊叶齿吻沙蚕			0.057	0.023	0.040	0.024	-	
泥螺			0.023				0.029	
琵琶拟沼螺			0.048					
红明樱蛤							0.023	

注："—"表示优势度小于0.02，不是当年的优势种。

由于辽河口冬季潮间带滩涂被冰层覆盖，大型底栖动物呈现出种类数相对较少、优势种密度极高的特点。潮间带大型底栖动物空间垂直分布规律明显，具有典型的河口特征：即自高潮带到低潮带依次分布着双齿围沙蚕、光滑河篮蛤、泥螺、托氏蜎螺、四角蛤蜊、文蛤（图1-3）。其中，两两相邻物种之间的栖息生境均具有一定的交叉。

辽河口大型底栖动物是迁徙鸟类的重要食物来源。诸多研究（敬凯，2005；朱晶等，2007；张璇，2012；冯晨晨等，2019；Lu et al.，2022）表明，喙长超过5 cm的鸻鹬类与

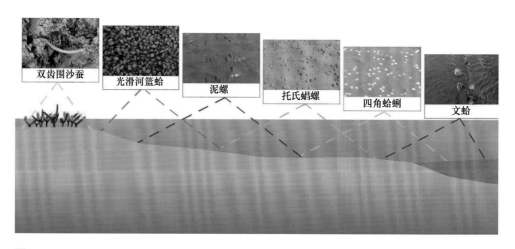

图1-3
辽河口滩涂大型底栖动物分布示意图（袁秀堂等，2021）

甲壳动物密度显著正相关；喙长短于 2.5 cm 的鸻鹬类与双壳类的密度和底栖动物总密度呈显著正相关。此外，不同鸻鹬类的捕食策略偏好也不同。例如，大滨鹬、黑腹滨鹬等触觉觅食策略者主要偏好贝类等底栖动物；中杓鹬、白腰杓鹬等连续觅食策略者主要偏好螺类、多毛类和甲壳动物等底栖动物，环颈鸻、灰斑鸻等奔 – 停觅食策略者主要偏好面上型底栖动物。

四、鸟类迁徙路线关键区域

辽河口是国际鸟类迁徙路线，即全球八大鸟类迁徙路线之一的东亚 – 西太平洋迁徙路线的关键区域，是我国鸟类三大迁徙路线之一东线的重要节点，每年有近百万只海鸟或水鸟于此迁徙停歇或繁殖，是国内少有集群种类多、数量大的鹭鸟繁殖栖息地和鸻鹬类最关键的能量补给地之一。每年 4 月中旬到 5 月上旬是鸻鹬类万里大迁徙途中停驻辽河口地区的高峰期，每天有四五万只海鸟或水鸟云集在湿地及周边滩涂上，其中以斑尾塍鹬、大滨鹬等为主（图 1-4）。它们从新西兰、澳大利亚等地起飞，横跨太平洋，中途连续飞行约 10 000 km，一周后到达辽河口，停歇觅食补充体力，近一个月后飞往俄罗斯等地。

辽河口是全球黑嘴鸥最大种群的繁殖地。黑嘴鸥在全世界有 8000 余只，其中在辽河口栖息繁殖的就有 6000 余只，占世界总数的 3/4。同时，辽河口也是丹顶鹤自然繁殖地的最南端，是丹顶鹤大陆种群北迁的最重要和最集中停歇地。目前，全世界有 1900 余只丹顶鹤，其中在辽河口湿地停歇的就有 800 余只。

图 1–4
辽河口鸟类迁徙图

五、"退养还滩"生态修复工程

辽河口是一个复杂的生态交错带，20 世纪 80 年代，当地政府利用辽河口滩涂发展围海养殖，养殖规模不断扩大。围垦养殖虽然带来了短期经济效益，却严重破坏了滩涂生境，导致近岸水质严重恶化，斑海豹、黑嘴鸥等珍稀物种栖息范围不断缩小，直接威胁滩涂生态系统安全。现阶段，生态环境的保护和修复已成为促进地区高质量发展的重要措施之一，是实现人与自然和谐共生不可或缺的一环。

辽河口建有辽河口国家级自然保护区（地理坐标为 40°45′00″—41°08′49.65″N，121°28′09.74″—122°00′23.92″E），总面积 80 000 hm^2，是以丹顶鹤、黑嘴鸥等多种珍稀水禽和河口湿地生态系统为主要保护对象的野生动物类型自然保护区。辽河口国家级自然保护区分两部分管理，即北部芦苇沼泽区和南部河口滩涂区。其中，北部以芦苇沼泽为主，区域面积为 53 439.1 hm^2；南部以河口滩涂为主，区域面积为 26 560.9 hm^2。其中核心区面积为 29 580.4 hm^2，占保护区面积的 37%；缓冲区面积为 18 332.4 hm^2，占保护区面积的 23%；实验区面积为 32 087.2 hm^2，占保护区面积的 40%。辽河口国家级自然保护区湿地于 2004 年被国际组织批准列入"国际重要湿地名录", 2013 年成功获评为"中国十大魅力湿地"。

2015 年, 盘锦市"退养还滩"工作启动,"蓝色海湾整治行动"也与之衔接有序开展,造就了全国最大的"退养还湿"单体工程(图 1-5)。2020 年 5 月, 盘锦市开展了"退出围海养殖、恢复海域原状"专项执法行动, 退出养殖面积 4214.3 hm²。截至 2020 年, 盘锦市清理平整围海养殖总面积达 5755.3 hm²(张广帅等, 2021)。通过采取在整治后的滩涂上种植芦苇、翅碱蓬以及增殖贝类等措施, 加速了辽河口西海岸滩涂的淤积发育,

图 1-5
"退养还滩"工程(2020 年)

图 1-6
辽河口"退养还滩"区域翅碱蓬状况(2023 年)

形成约 20 000 hm² 盐沼湿地。辽河口通过"退养还滩"工程，再现绿苇红滩的独特自然景观（图 1-6）。

我们的调查结果表明，2013 年辽河口养殖池塘面积为 5930 hm²，2016 年养殖池塘面积为 5206 hm²，"退养还滩"面积为 739 hm²；2020 年养殖池塘面积为 1094 hm²，"退养还滩"面积为 4440 hm²（图 1-7）。

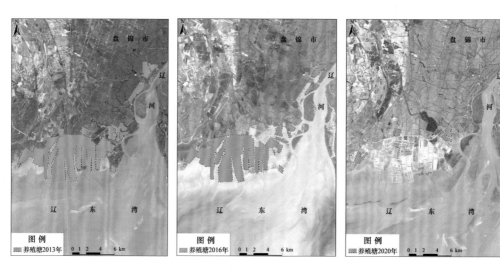

图 1-7
2013—2020 年辽河口养殖池塘"退养还滩"状况（刘玉安等解译）

第 2 章

辽河口滩涂
大型底栖动物

一、环节动物门

整体

吻

吻

1. 双齿围沙蚕

（1）分类地位

双齿围沙蚕（*Perinereis aibuhitensis*）属于多毛纲（Polychaeta）沙蚕目（Nereidida）沙蚕科（Nereididae）围沙蚕属（*Perinereis*）。俗称"海虫""海蛆"。

（2）形态特征

身体尾部呈褐色，其余部分呈青绿色或红褐色。最大个体可长达 270 mm。口前叶似梨形，前部窄、后部宽。触手稍短于触角。两对眼呈倒梯形排列于口前叶中后部，前对眼稍大。触须 4 对，最长者后伸可达第 6~8 刚节。

（3）生态习性

双齿围沙蚕为辽河口滩涂的重要种类之一，主要分布在高潮带区域。双齿围沙蚕是黑嘴鸥等海鸟的主要食物之一，也是海水养殖鱼、虾、蟹的优良饵料。

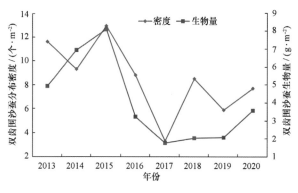

双齿围沙蚕分布密度及生物量年际变化（2013—2020 年）

2. 全刺沙蚕

（1）分类地位

全刺沙蚕（*Nectoneathes oxypoda*）属于多毛纲（Polychaeta）沙蚕目（Nereidida）沙蚕科（Nereididae）全刺沙蚕属（*Necto neathes*）。

（2）形态特征

身体肥大且呈鲜红色。两对近等大的眼呈矩形排列于口前叶后半部，吻各区皆具圆锥形颚齿。体中部疣足上背舌叶增大变宽为具凹陷叶片状，背须位于其中。

（3）生态习性

全刺沙蚕主要分布在辽河口滩涂的中潮带和低潮带区域。

整体

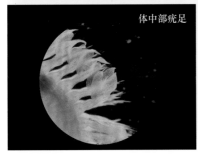

体中部疣足

吻背部

3. 中锐吻沙蚕

（1）分类地位

中锐吻沙蚕（*Glycera rouxii*）属于多毛纲（Polychaeta）叶须虫目（Phyllodocimorpha）吻沙蚕科（Glyceridae）吻沙蚕属（*Glycera*）。

（2）形态特征

体中部较宽，每一体节有两个环轮。吻部上覆盖有不具足的圆锥状或球状的乳突。疣足有两个前唇和两个后唇。前唇大约等长，其末端较尖。疣足的前壁具单一能伸缩的小鳃。背叶上具简单型刚毛，腹叶具有复型刚毛，其端节上带有细锯齿。

（3）生态习性

中锐吻沙蚕主要分布在辽河口滩涂的中潮带和低潮带区域。

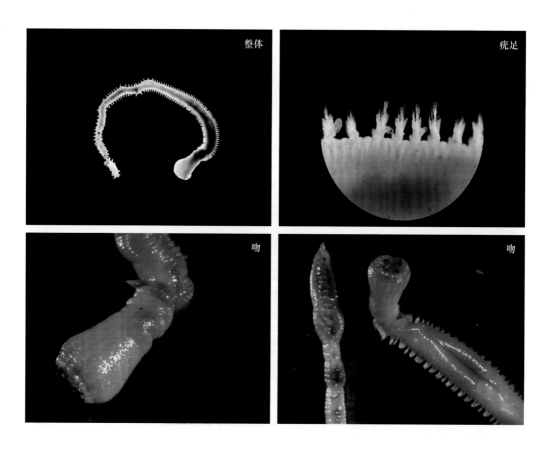

整体　疣足　吻　吻

4. 锥唇吻沙蚕

（1）分类地位

锥唇吻沙蚕（*Glycera onomichiensis*）属于多毛纲（Polychaeta）叶须虫目（Phyllodocimorpha）吻沙蚕科（Glyceridae）吻沙蚕属（*Glycera*）。

（2）形态特征

体节具双环轮。口前叶圆锥形，具 10 环轮。吻器有两种乳突：一种为细小，且末端钝，呈截板状；另一种较大，为圆锥状。疣足有两个前唇和两个后唇。疣足背须圆锥状，位于疣足上面基部腹须很发达，类似疣足唇舌。

（3）生态习性

锥唇吻沙蚕主要分布在辽河口滩涂的中潮带和低潮带区域。

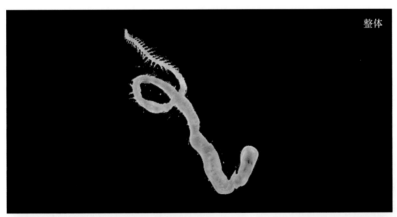

整体

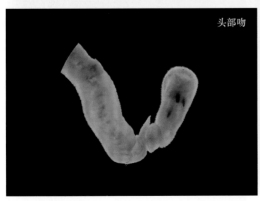

头部吻

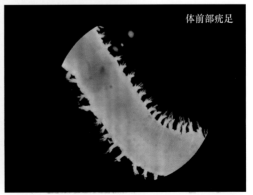

体前部疣足

5. 长吻沙蚕

（1）分类地位

长吻沙蚕（*Glycera chirori*）属于多毛纲（Polychaeta）叶须虫目（Phyllodocimorpha）吻沙蚕科（Glyceridae）吻沙蚕属（*Glycera*）。

（2）形态特征

身体粗大，前端稍细，中部较粗，后端细长。前方有一个粗而大的吻，常由口中翻出体外，末端有4个黑色的钩状大颚。典型疣足具两个前刚叶和两个后刚叶，两个前刚叶近等长，基部宽圆，前端突然收缩；背后刚叶与前刚叶相似但稍短，而腹后刚叶短而圆。

（3）生态习性

长吻沙蚕分布在辽河口滩涂的高潮带和中潮带区域。

疣足

整体

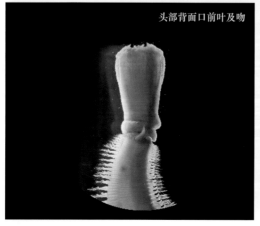

头部背面口前叶及吻

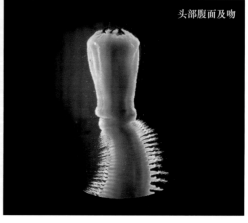

头部腹面及吻

6. 浅古铜吻沙蚕

（1）分类地位

浅古铜吻沙蚕（*Glycera subaenea*）属于多毛纲（Polychaeta）叶须虫目（Phyllodocimorpha）吻沙蚕科（Glyceridae）吻沙蚕属（*Glycera*）。

（2）形态特征

口前叶长，圆锥状，具 10 环轮。吻上的乳突圆锥形，不具足。疣足有两个大小几乎相等并向前直伸的前唇，后唇较短，末端稍圆锥形，后上唇显著比后下唇大。鳃位于疣足的前壁，约开始于体前部第 30 体节，能伸缩，具 2~4 个指状分枝，完全伸展时常超出疣足之外。

（3）生态习性

浅古铜吻沙蚕在辽河口滩涂较为常见。

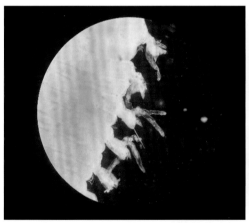
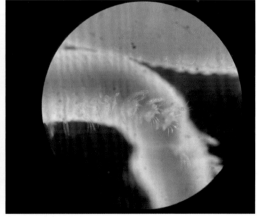

7. 寡节甘吻沙蚕

（1）分类地位

寡节甘吻沙蚕（*Glycinde gurjanovae*）属于多毛纲（Polychaeta）叶须虫目（Phyllodocimorpha）角吻沙蚕科（Goniadidae）甘吻沙蚕属（*Glycinde*）。

（2）形态特征

身体细长，口前叶尖锥形，末端具 4 个小的头触手。口前叶基部有一对小眼，前端部无眼。吻长柱状，前端具软乳突，具大颚两个，位于吻腹面，在每个大颚的内缘各具 5 个小齿。小颚齿位于吻的背面，排成半圆形。体后部的疣足均为双叶型。前部体节单叶疣足的前刚叶和后刚叶末端窄细。

（3）生态习性

寡节甘吻沙蚕主要分布在辽河口滩涂的中潮带区域，是鱼、虾、蟹的天然饵料。

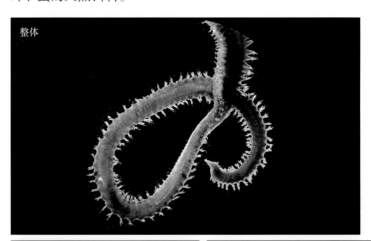

整体

头部背部口前叶

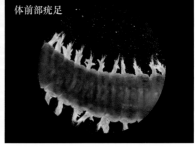

体前部疣足

8. 囊叶齿吻沙蚕

（1）分类地位

囊叶齿吻沙蚕（*Nephtys caeca*）属于多毛纲（Polychaeta）沙蚕目（Nereidida）齿吻沙蚕科（Nephtyidae）齿吻沙蚕属（*Nephtys*）。

（2）形态特征

身体细长，背中部稍凸，腹面具一浅的中纵沟。口前叶有两个乳突状的触手。翻吻圆柱状。前刚叶退缩不发达，后刚叶发达为叶状。

（3）生态习性

囊叶齿吻沙蚕是辽河口滩涂的重要常见种类。

整体

体节和疣足

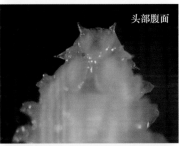
头部腹面

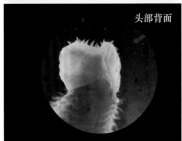
头部背面

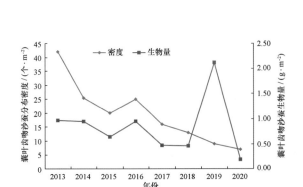

囊叶齿吻沙蚕分布密度及生物量年际变化（**2013—2020 年**）

9. 异足索沙蚕

（1）分类地位

异足索沙蚕（*Lumbrineris heteropoda*）属于多毛纲（Polychaeta）矶沙蚕目（Eunicida）索沙蚕科（Lumbrineridae）索沙蚕属（*Lumbrineris*）。

（2）形态特征

身体细圆而长，呈细索状，生活时伸缩很大。口前叶圆锥形，无任何附属物，体前部仅具翅毛状刚毛，体中后部具多齿钩状刚毛。后部疣足的后叶变长斜伸呈垂直状。

（3）生态习性

异足索沙蚕主要分布在辽河口滩涂的高潮带和中潮带区域。

整体

头部背侧

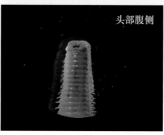

头部腹侧

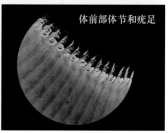

体前部体节和疣足

10. 智利巢沙蚕

（1）分类地位

智利巢沙蚕（*Diopatra chiliensis*）属于多毛纲（Polychaeta）矶沙蚕目（Eunicida）欧努菲虫科（Onuphidae）巢沙蚕属（*Diopatra*）。

（2）形态特征

体前端圆柱状，中后部扁平。一对短的触须位于围口节后侧缘。鳃始于第 4~5 刚节，止于第 47~56 刚节。鳃丝螺旋状排列。体前几刚毛具伪复型刚毛。

（3）生态习性

智利巢沙蚕主要分布在辽河口滩涂的中潮带区域，并且仅在 2019 年调查时发现。

头部和腹面

吻正面

侧面观头部及鳃

11. 日本刺沙蚕

（1）分类地位

日本刺沙蚕（*Neanthes Japonica*）属于多毛纲（Polychaeta）沙蚕目（Nereidida）沙蚕科（Nereididae）刺沙蚕属（*Neanthes*）。

（2）形态特征

口前叶为梨形、宽大于长。触手短于触角。两对近等大的眼呈倒梯形排列于口前叶中后部。吻具圆锥形颚齿。

（3）生态习性

日本刺沙蚕主要分布在辽河口滩涂的高潮带区域，较为常见。

12. 加州齿吻沙蚕

（1）分类地位

加州齿吻沙蚕（*Nephtys californiensis*）属于多毛纲（Polychaeta）沙蚕目（Nereidida）齿吻沙蚕科（Nephtyidae）齿吻沙蚕属（*Nephtys*）。

（2）形态特征

口前叶为长方形，前缘稍圆，后端稍窄且陷入第 1 刚节。无眼。具两对触手，前对位于口前叶前缘；后对稍长，位于口前叶腹面两侧。口前叶前中部有一黑斑点，中后部具一似展翅翔鹰状的黑色斑。

（3）生态习性

加州齿吻沙蚕主要分布在辽河口滩涂的中潮带区域，较为少见。

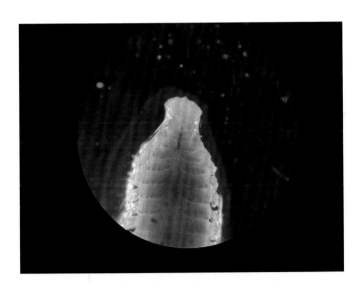

13. 丝异须虫

（1）分类地位

丝异须虫（*Heteromastus filiformis*）属于多毛纲（Polychaeta）囊吻目（Scolenida）小头虫科（Capitellidae）丝异须虫属（*Heteromastus*）。

（2）形态特征

身体细长，呈圆柱形，似红色的细蚯蚓。胸部和腹部区分不明显。第1体节无刚毛。胸部前5刚节具毛状刚毛，第6~11刚节仅具钩状刚毛。

（3）生态习性

丝异须虫主要分布在辽河口滩涂的高潮带和中潮带区域，是辽河口滩涂的常见种类。

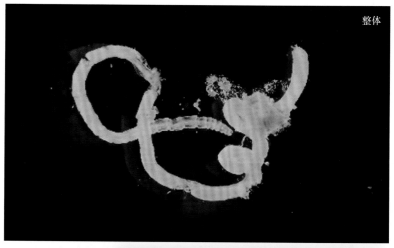

整体

头部及吻

14. 中阿曼吉虫

（1）分类地位

中阿曼吉虫（*Armandia intermdia*）属于多毛纲（Polychaeta）囊吻目（Scolenida）海蛹科（Opheliidae）阿曼吉虫属（*Armandia*）。

（2）形态特征

身体呈长梭状，两侧具12对侧眼，始于第7刚节，止于第18刚节。疣足具两束毛状刚毛。肛部漏斗最长近等于基部宽，肛漏斗缘乳突长近等于肛漏斗长度，漏斗基部具1根很长的锯齿状中腹须。

（3）生态习性

中阿曼吉虫在辽河口滩涂的高潮带和中潮带区域分布较多。2013—2017年调查期间未发现，2018—2020年调查期间较为常见。

整体　　整体

体节疣足及侧眼　　体末端肛须

15. 独指虫

（1）分类地位

独指虫（*Aricidea fragilis*）属于多毛纲（Polychaeta）囊吻目（Scolecida）异毛虫科（Paraonidae）独指虫属（*Aricidea*）。

（2）形态特征

口前叶呈圆锥形，无眼，后缘有一中触手，可达第2体节。体分前、后区。有鳃区体宽扁。鳃柳叶状具纤毛，背叶前刚叶长指状，腹叶前刚叶为指状突起，背、腹刚毛光滑、细毛状；后区无鳃，背叶须状，腹叶不明显，背刚毛同前区，腹刚毛为变形的伪复型刚毛，一侧有细毛。

（3）生态习性

独指虫主要分布在辽河口滩涂的低潮带区域，较为少见。

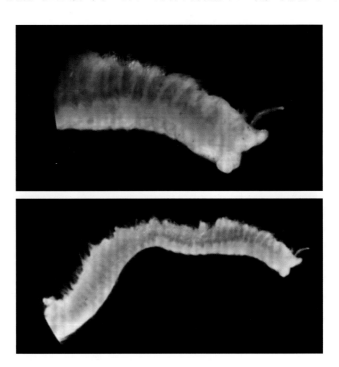

16. 鳞腹沟虫

（1）分类地位

鳞腹沟虫（*Scolelepis squamata*）属于多毛纲（Polychaeta）海稚虫目（Spionida）海稚虫科（Spionidae）腹沟虫属（*Scolelepis*）。

（2）形态特征

口前呈尖状，脑后脊达第2刚节，无后头触手。围口节形成侧翼。鳃始于第2刚节，部分与背足后刚节愈合。体中、后部鳃与背足后刚节叶稍分离。背、腹毛状刚毛具有窄边。肛部盘状，边缘中间有凹裂。

（3）生态习性

鳞腹沟虫主要分布在辽河口滩涂的中潮带区域，较为少见。

17. 张氏神须虫

（1）分类地位

张氏神须虫（*Eteone tchangsii*）属于多毛纲（Polychaeta）叶须虫目（Phyllodocida）叶须虫科（Phyllodocidae）双须虫属（*Eteone*）。

（2）形态特征

口前叶为宽圆锥形，头触手短，具眼，有小的项乳突。具两对相对较短的触须，上须比下须稍长，后伸可达第4刚毛节。吻很大，吻的两侧各具一行大而软的乳突，吻上除具有显著的横皱褶外，还覆有黑色几丁质的小刺。吻前部特别膨大，上面具一个大的背乳突。接近吻顶端周围有一圈软而细长的指状突起。虫体和背须均为黄褐色，背面比腹面色深。

（3）生态习性

张氏神须虫主要分布在辽河口滩涂的中潮带区域，较为少见。

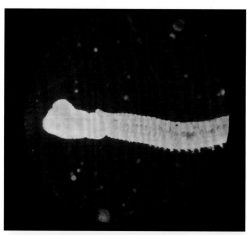

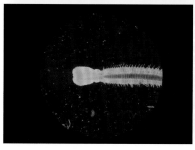

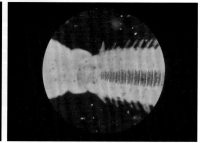

二、软体动物门

1. 文蛤

（1）分类地位

　　文蛤（*Meretrix meretrix*）属于双壳纲（Bivalvia）帘蛤目（Venerida）帘蛤科（Veneridae）文蛤属（*Meretrix*）。

（2）形态特征

　　贝壳外形一般较大，较膨鼓，呈三角卵圆形，壳质坚厚，表面平滑细腻，被有一层褐色壳皮；小型个体贝壳花纹密集而丰富，变化多端；大型个体则花纹稀疏，较为恒定，通常在贝壳近背缘部分有锯齿或波纹状褐色花纹。

（3）生态习性

　　文蛤是埋栖型贝类，多分布在较平坦的河口附近沿岸内湾的潮间带，以及浅海区域的细沙、泥沙滩中，靠斧足的钻掘作用有潜沙习性。文蛤在辽河口盘锦大洼蛤蜊岗及盘山至凌海的沿海滩涂中尤为丰富，为该河口滩涂常见种类之一。

调查采集到的文蛤

文蛤及敌害 — 脉红螺

2. 四角蛤蜊

（1）分类地位

四角蛤蜊（*Mactra veneriformis*）属于双壳纲（Bivalvia）帘蛤目（Venerida）蛤蜊科（Mactridae）蛤蜊属（*Mactra*）。俗称"白蚬子"。

（2）形态特征

贝壳薄而坚固，略呈四角形，两壳极膨胀。具壳皮，顶部白色或紫色。生长线明显，形成凹凸不平的同心环纹。

（3）生态习性

四角蛤蜊是辽河口滩涂贝类优势种之一，主要分布在辽河口滩涂的中潮带区域。2022年秋季，辽河口潮间带滩涂四角蛤蜊分布面积约为 15.75 km^2，资源量为 10 706.69 t。

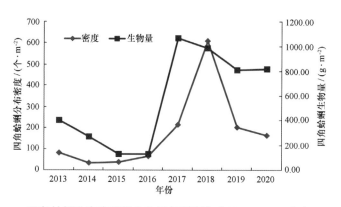

四角蛤蜊分布密度及生物量年际变化（2013—2020 年）

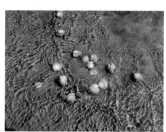

3. 青蛤

（1）分类地位

青蛤（*Cyclina sinensis*）属于双壳纲（Bivalvia）帘蛤目（Venerida）帘蛤科（Veneridae）青蛤属（*Cyclina*）。盘锦当地俗称"牛眼蛤""黑老婆""赤嘴蛤"。

（2）形态特征

壳质坚硬，壳身略圆，壳顶稍尖，并歪向一边，同时以壳顶为中心密布层纹。外壳黄褐色或青白色，边缘有层淡紫色环。

（3）生态习性

在辽河口滩涂青蛤数量已经非常少，调查过程中偶尔发现，并且集中分布在辽河口滩涂高潮带区域。青蛤以其强有力的斧足潜行，平常将水管伸出来进行呼吸和摄食，并在滩涂表面形成"8"字形孔眼。同时，孔眼可作为判断青蛤所在位置的重要标记。

青蛤所在位置的"8"字形孔眼

4. 薄片镜蛤

（1）分类地位

薄片镜蛤（*Dosinia corrugata*）属于双壳纲（Bivalvia）帘蛤目（Venerida）帘蛤科（Veneridae）镜蛤属（*Dosinella*）。

（2）形态特征

壳长与壳高几乎相等。壳质较薄，较脆，扁平。壳面灰白色，壳顶区略微发黄；同心肋大部分致密低平，只有在前后区域略呈薄片状突起。小月面心脏形，略下陷，在中线处突起，界线非常清楚；楯面缺失；韧带长，发达，黄褐色。

（3）生态习性

薄片镜蛤在辽河口滩涂分布非常少，偶尔发现个体存在。

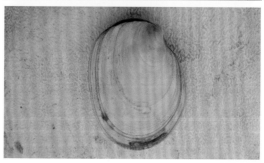

5. 红明樱蛤

（1）分类地位

红明樱蛤（*Moerella rutila*）属于双壳纲（Bivalvia）帘蛤目
（Venerida）樱蛤科（Tellinidae）明樱蛤属（*Moerella*）。

（2）形态特征

壳顶尖而后倾，位于背近中央处；无小月面和楯面。壳表有
整齐的细同心纹，自壳顶到后腹缘有一放射脊。外套窦较深，但
不触及前肌痕，外套窦背缘在壳顶下突然隆起，腹缘完全与外套
线愈合。

（3）生态习性

红明樱蛤主要分布在辽河口滩涂的中潮带及低潮带区域，属
于常见种类。

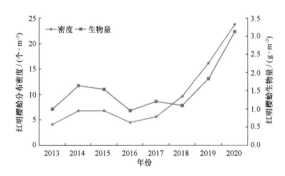

红明樱蛤分布密度及生物量年际变化（2013—2020 年）

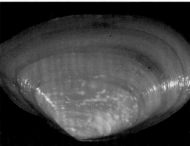

6. 紫彩血蛤

（1）分类地位

紫彩血蛤（*Nuttallia olivacea*）属于双壳纲（Bivalvia）帘蛤目（Venerida）紫云蛤科（Psammobiidae）圆滨蛤属（*Nuttallia*）。俗称"橄榄血蛤"。

（2）形态特征

贝壳中型，两壳扁平，略薄，壳面紫褐色，具黄褐色壳皮，光滑，具若干同心生长轨迹。韧带短而粗壮。

（3）生态习性

紫彩血蛤主要分布在辽河口滩涂的低潮带区域，在辽河口滩涂分布非常少。

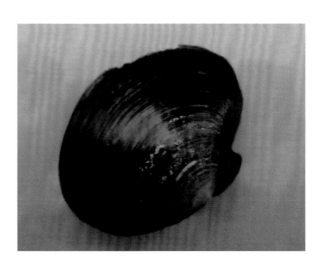

7. 光滑河篮蛤

（1）分类地位

光滑河篮蛤（*Potamocorbula laevis*）属于双壳纲（Bivalvia）海螂目（Myida）篮蛤科（Corbulidae）河篮蛤属（*Potamocorbula*）。俗称"篮蛤"。

（2）形态特征

贝壳小型，壳长通常不超过 20 mm，有些幼体仅 3 mm 左右，混在海沙中难以分辨。外形略呈三角形，壳质薄而坚硬，略膨胀，两壳不等大，右壳大于左壳。

（3）生态习性

光滑河篮蛤是红腹滨鹬等鸻鹬类海鸟或水鸟迁徙途中的主要食物来源之一。光滑河篮蛤主要分布在辽河口滩涂的东部和中部区域，且集中分布在滩涂的中潮带区域。每年 5—9 月，当地渔民大量采捕，作为中国对虾等池塘养殖

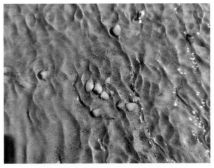

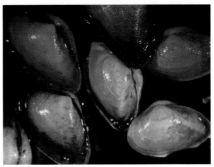

虾类的优质饵料。另外，辽河口滩涂高密度的光滑河篮蛤（2016 年夏季时密度高达 21 660 个 /m²）可能是"渔业效应"的结果，并且作为重要的食物饵料来源未能得到合理的开发和利用。

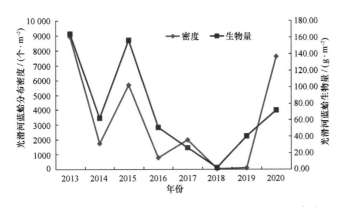

光滑河篮蛤分布密度及生物量年际变化（**2013—2020 年**）

8. 大沽全海笋

（1）分类地位

大沽全海笋（*Barnea davidi*）属于双壳纲（Bivalvia）海螂目（Myida）海笋科（Pholalidae）全海笋属（*Barnea*）。

（2）形态特征

贝壳大型，壳质薄脆，壳形较粗短。壳表的同心肋和放射肋都较稀疏，两者相交处形成棘，在壳前部尤为明显。外套窦宽而深。壳内柱特别细长。

（3）生态习性

大沽全海笋在辽河口滩涂偶尔出现。

9. 毛蚶

（1）分类地位

毛蚶（*Scapharca kagoshimensis*）属于双壳纲（Bivalvia）蚶目（Arcoida）蚶科（Arcidae）毛蚶属（*Scapharca*）。俗称"麻蚶子"。

（2）形态特征

壳质坚厚，长卵圆形，通常两壳大小不等；背侧两端略显棱角；壳顶突出，向内卷曲；壳面有放射肋 35 条左右，肋上有方形小节结。

（3）生态习性

毛蚶在辽河口潮间带滩涂分布较少，偶尔发现个体存在。

10. 托氏鲳螺

（1）分类地位

托氏鲳螺（*Umbonium thomasi*）属于腹足纲（Gastropoda）原始腹足目（Archaeogastropoda）马蹄螺科（Trochidae）鲳螺属（*Umbonium*）。在辽宁营口沿海一带俗称"玻璃牛"。

（2）形态特征

贝壳呈低圆锥状，基部平坦。螺层6层，螺旋部高，缝合线浅。壳面光滑，呈淡棕色，具紫棕色波状花纹，色泽与花纹常有变化。壳口近四方形。外唇薄，内唇短厚、倾斜，具齿状小结节。脐被白色胼胝掩盖。厣角质，近圆形。

（3）生态习性

托氏鲳螺主要分布在辽河口滩涂的中潮带和低潮带区域，为辽河口滩涂上栖息密度最大的贝类之一，最高可达每平方米几千个（2016年秋季时密度高达2012个/m²）。近些年来，辽河口滩涂托氏鲳螺资源量大，形成一定的生态灾害。由于托氏鲳螺个体小、市场经济价值低等原因，当地渔民和相关渔业部门尚未对其进行采捕和管理，造成托氏鲳螺资源的浪费。

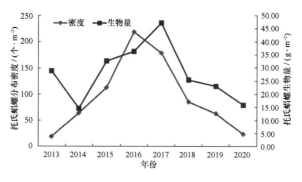

托氏鲳螺分布密度及生物量年际变化（2013—2020年）

11. 泥螺

（1）分类地位

泥螺（*Bullacta exarata*）属于腹足纲（Gastropoda）头楯目（Cephalaspidea）长葡萄螺科（Haminoeidae）泥螺属（*Bullacta*）。

（2）形态特征

外壳呈卵圆形，壳薄脆，其壳不能包住全部身体，腹足两侧的边缘露在壳的外面。身体呈浅灰色，完全伸展时外形近长方形，头盘宽大呈拖鞋状，无触角。

（3）生态习性

泥螺主要分布在辽河口滩涂的中潮带区域。泥螺是典型的潮间带底栖匍匐动物，爬行时，用头盘和足掘起的泥沙和自身分泌的黏液混合，覆盖于身体表面，形似一堆泥沙，起拟态保护作用。泥螺在风浪小、潮流缓慢的海湾中尤其密集。

每逢初夏，是辽河口滩涂收获泥螺的季节，而泥螺的收获方式尤为特别，需要人工捡拾，俗称"捡泥螺"。近年来，随着辽河口海鲜美誉的远播，人工捡拾泥螺的场景日益壮观。

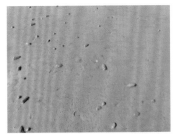

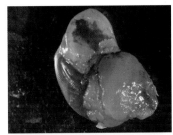

解剖镜下的泥螺（背面及腹面）

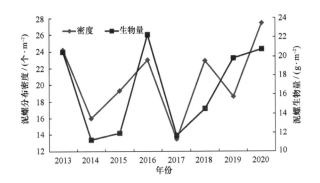

泥螺分布密度及生物量年际变化（2013—2020 年）

12. 扁玉螺

（1）分类地位

扁玉螺（*Neverita didyma*）属于腹足纲（Gastropoda）中腹足目（Mesogastropoda）玉螺科（Neverita）扁玉螺属（*Neverita*）。

（2）形态特征

贝壳呈半球形，坚厚，背腹扁而宽。壳顶低小，螺旋部较短，体螺层宽度突然加大。壳面光滑无肋，生长纹明显。壳面呈淡黄褐色，壳顶为紫褐色，基部为白色。在每一螺层的缝合线下方有一条彩虹样的褐色色带。壳口卵圆形，外唇薄，呈弧形。脐孔大而深。厣角质，黄褐色。

（3）生态习性

扁玉螺在辽河口滩涂分布较少，并不常见。扁玉螺在沙上爬行后，由于前足锄沙的作用，常留下一条清晰的痕迹，退潮后采集者可以跟踪这行"脚印"找到它。

13. 微黄镰玉螺

（1）分类地位

微黄镰玉螺（*Lunatia gilva*）属于腹足纲（Gastropoda）中腹足目（Mesogastropoda）玉螺科（Neverita）镰玉螺属（*Lunatia*）。

（2）形态特征

贝壳呈梨形，壳质较薄，坚实。螺旋部高起，其高度与体螺层近相等，各螺层宽度增加均匀。体螺层略膨大。壳面膨胀、光滑，生长纹细密。壳黄褐色或黄灰色，壳顶青灰色。壳口长卵形，内面紫灰色。外唇简单、较薄，呈弧形；内唇略曲。脐尚发达，部分为内唇所掩盖。厣角质，深棕色，坚厚，核位于内侧。

（3）生态习性

微黄镰玉螺主要分布在辽河口滩涂的高潮带和中潮带区域，为辽河口滩涂常见种类之一。2013 年分布密度最高，个别调查站位达到 1856 个 /m²，2014—2020 年数量呈减少趋势。

微黄镰玉螺与扁玉螺

14. 琵琶拟沼螺

（1）分类地位

琵琶拟沼螺（*Assiminea lutea*）属于腹足纲（Gastropoda）中腹足目（Mesogastropoda）拟沼螺科（Assimineidae）拟沼螺属（*Assiminea*）。

（2）形态特征

贝壳较小，壳质薄但坚固，外形呈卵圆锥形。体螺层膨胀，略呈肩状。壳面呈卵圆形，周缘完整，外缘锐利。厣角质，为黄褐色卵圆形的薄片。

（3）生态习性

琵琶拟沼螺主要分布在辽河口滩涂的高潮带区域，并且较为常见。

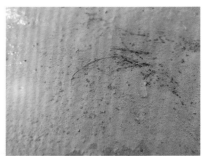

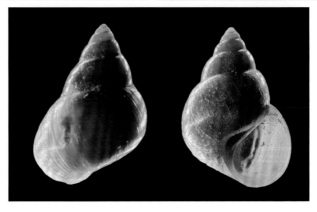

15. 光滑狭口螺

（1）分类地位

　　光滑狭口螺（*Stenothyra glabra*）属于腹足纲（Gastropoda）中腹足目（Mesogastropoda）狭口螺科（Stenothyridae）狭口螺属（*Stenothyra*）。

（2）形态特征

　　贝壳极小，两端较细，中间粗大，桶状，贝壳较坚实，多透明。螺旋部各层缓慢均匀增长；体螺层增长迅速。壳顶钝，体螺层腹面稍压扁而平。壳面呈淡黄色，光滑，仅现丝状生长纹。壳口小，呈圆形。

（3）生态习性

　　光滑狭口螺主要分布在辽河口滩涂的高潮带区域，并且较为常见。

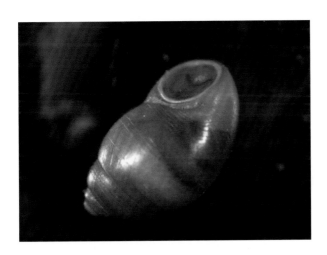

16. 秀丽织纹螺

（1）分类地位

秀丽织纹螺（*Nassarius festivus*）属于腹足纲（Gastropoda）新腹足目（Neogastropoda）织纹螺科（Nassariidae）织纹螺属（*Nassarius*）。

（2）形态特征

贝壳小，长卵圆形，螺层约 8 层，缝合线明显。壳面有发达而稍斜行的纵肋和较细的螺肋，两肋互相交叉使纵肋上形成粒状突起。壳表呈黄褐色或黄色，具褐色色带。壳口卵圆形。外唇内缘具颗粒状齿；绷带短而深。后沟小。

（3）生态习性

秀丽织纹螺主要分布在辽河口滩涂的中潮带和低潮带区域。调查发现，2013—2014 年分布较少，仅为 1 个 /m^2 和 2 个 /m^2，2015—2020 年分布密度较为稳定，为 5~6 个 /m^2。

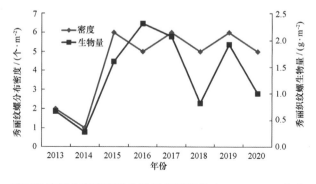

秀丽织纹螺分布密度及生物量年际变化（**2013—2020 年**）

17. 纵肋织纹螺

（1）分类地位

纵肋织纹螺（*Nassarius variciferus*）属于腹足纲（Gastr- opoda）新腹足目（Neogastropoda）织纹螺科（Nassariidae）织纹螺属（*Nassarius*）。俗称"海撒子""海丝螺""海螺丝""海锥儿"等。

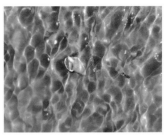

（2）形态特征

贝壳形似圆锥体，壳表淡黄色或者黄白色，有精致的纵肋和细密的螺旋纹。螺层约 8 层，基部收缩。

（3）生态习性

纵肋织纹螺主要分布在辽河口滩涂的中潮带和低潮带区域。2013—2016 年在辽河口滩涂较常见，但 2017—2020 年数量呈减少趋势。

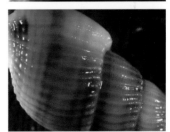

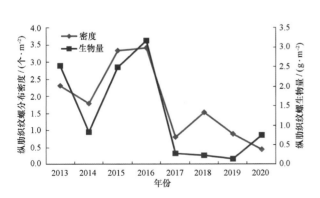

纵肋织纹螺分布密度及生物量年际变化（**2013—2020 年**）

18. 丽小笔螺

（1）分类地位

丽小笔螺（*Mitrella bella*）属于腹足纲（Gastropoda）新腹足目（Neogastropoda）核螺科（Columbellidae）小笔螺属（*Mitrella*）。

（2）形态特征

贝壳小，呈纺锤形，壳质结实，表面光滑。螺层缝合线细而明显。光滑的壳面被有薄的黄色壳皮，体螺层基部有数条清晰的螺线。壳表面有棕褐色纵走火焰状的花纹，通常花纹上部粗而少、下部细而多，花纹有变化。壳内面为白色，有光泽。壳口小，长卵圆形。厣角质，黄褐色，长卵圆形，生长纹清晰。

（3）生态习性

丽小笔螺在辽河口潮间带滩涂较为常见。肉食性，常捕食小的双壳类动物和甲壳动物，也食海洋动物尸体。

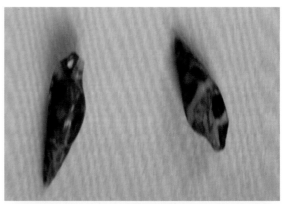

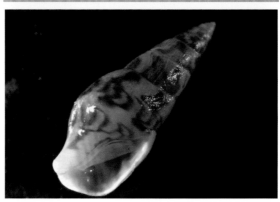

19. 泰氏笋螺

（1）分类地位

泰氏笋螺（*Terebra taylori*）属于腹足纲（Gastropoda）新腹足目（Neogastropoda）笋螺科（Terebridae）笋螺属（*Terebra*）。

（2）形态特征

贝壳表面呈褐色，缝合线上下各有一条白色螺带。体螺层具有 19~21 条纵肋。壳口呈卵圆形，内面紫褐色。外唇薄，具黄褐色镶边。内唇略厚，白色。前沟段，略扭曲。

（3）生态习性

主要分布在辽河口滩涂的低潮带区域，较为常见。

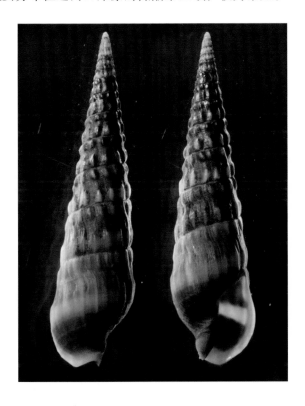

20. 锯齿小菜籽螺

（1）分类地位

锯齿小菜籽螺（*Elachisina ziczac*）属于腹足纲（Gastropoda）中腹足目（Mesogastropoda）小菜籽螺科（Elachisinidae）小菜籽属（*Elachisina*）。

（2）形态特征

贝壳微小，呈长卵圆形，壳质较薄。螺层膨缘，螺旋部圆锥形，体螺层大。壳面呈淡黄褐色，平滑。卵口卵圆形，简单，周缘薄，后部狭窄，无前水管沟。

（3）生态习性

锯齿小菜籽螺主要分布在辽河口滩涂的中潮带区域，较为少见。

三、甲壳动物门

1. 宽身大眼蟹

（1）分类地位

宽身大眼蟹（*Macrophthalmus dilatatum*）属于软甲纲（Malacostraca）十足目（Decapoda）大眼蟹科（Macrophthalmidae）大眼蟹属（*Macrophthalmus*）。

（2）形态特征

头胸甲横宽长方形，宽大于长的 2.5 倍，粗糙有小颗粒突起。体呈黄绿色，腹面及螯足呈棕黄色。前侧缘有长毛，具有两个尖齿。眼柄长约等于体长。雄性螯足强大，雌性螯足小。

（3）生态习性

宽身大眼蟹常穴居于近海或河口的泥滩上，在辽河口滩涂较为常见。

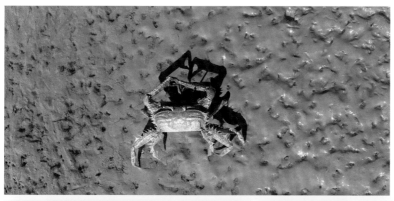

2. 日本大眼蟹

（1）分类地位

日本大眼蟹（*Macrophthalmus japonicus*）属于软甲纲（Mala-costraca）十足目（Decapoda）大眼蟹科（Macrophthalmidae）大眼蟹属（*Macrophthalmus*）。

（2）形态特征

头胸甲及腹部呈暗绿色，腹胸甲呈浅米黄色至橘黄色。头胸甲宽度约为长度的 1.5 倍，表面具颗粒及软毛，雄性尤密。雄螯壮大，步足较粗壮，雌性腹部圆大。

（3）生态习性

日本大眼蟹常穴居于潮间带或河口处的泥沙滩上，在辽河口滩涂较为常见。

3. 蓝氏三强蟹

（1）分类地位

蓝氏三强蟹（*Tritodynamia rathbunae*）属于软甲纲（Malacostraca）十足目（Decapoda）大眼蟹科（Macrophthalmidae）三强蟹属（*Tritodynamia*）。

（2）形态特征

头胸甲呈横卵圆形，表面具粗麻点，分区不明显。额宽，小于头胸甲宽度的1/5，表面有一细纵沟。眼窝背腹缘均光滑，前侧缘具细颗粒。

（3）生态习性

蓝氏三强蟹主要分布在辽河口滩涂的中高潮带区域，较为少见。

4. 豆形拳蟹

（1）分类地位

豆形拳蟹（*Pyrhila pisum*）属于软甲纲（Malacostraca）十足目（Decapoda）玉蟹科（Leucosiidae）拳蟹属（*Pyrhila*）。

（2）形态特征

体型相当小，是我国北方沿海常见的一种小型蟹类。腹部扁平，背甲的长度及宽度很少超过 4 cm，背部突起，从上往下看呈圆形，头部突出，有点像水瓢，犹如一颗豆子，故被称为"豆形拳蟹"。此外，其外壳相当坚硬，也称为"千人捏不死"。

（3）生态习性

豆形拳蟹是辽河口滩涂常见的蟹类之一。

5. 杂粒拳蟹

（1）分类地位

杂粒拳蟹（*Philyra heterograna*）属于软甲纲（Malacostraca）十足目（Decapoda）玉蟹科（Leucosiidae）拳蟹属（*Pyrhila*）。

（2）形态特征

体近圆形，前半部较窄，背面较平坦，表面具细颗粒。额缘钝切，中部具 1 浅凹。背眼缘具 2 缝。前侧缘在肝区后凹入，后侧缘隆起，后缘稍隆，整个边缘具颗粒，并间而排列着较规则的大型颗粒。螯足较长，约为头胸甲长的两倍或两倍多；长节呈圆柱状，细长，除背面的外末部及腹面末部处，均具颗粒；掌节光滑；步足瘦长、光滑。

（3）生态习性

杂粒拳蟹主要分布在辽河口滩涂的中潮带区域，较为少见。

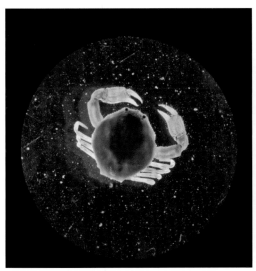
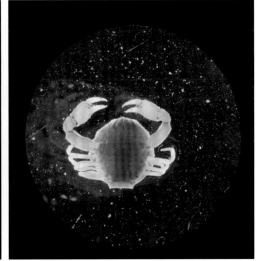

6. 天津厚蟹

（1）分类地位

天津厚蟹（*Helice tientsinensis*）属于软甲纲（Malacostraca）十足目（Decapoda）弓蟹科（Varunidae）厚蟹属（*Helice*）。俗称"烧夹子"。

（2）形态特征

头胸甲呈四方形，雄性隆脊中部膨大，雌性隆脊中部不膨大。螯足光滑无毛，步足有稀疏绒毛或无。雄性第1腹肢末端向背内方弯指，呈角形几丁质突起。

（3）生态习性

天津厚蟹是辽河口滩涂重要的底栖动物之一，并且对翅碱蓬生长影响较大，尤其在翅碱蓬的幼苗生长阶段。天津厚蟹在辽河口不同植被生境中的分布密度从大到小依次为：翅碱蓬与芦苇生态交错区、芦苇区域、翅碱蓬区域、光滩与翅碱蓬生态交错区、光滩（侯文昊等，2019）。

7. 中华虎头蟹

（1）分类地位

中华虎头蟹（*Orithyia sinica*）为软甲纲（Malacostraca）十足目（Decapoda）虎头蟹科（Orithyidae）虎头蟹属（*Orithyia*）。

（2）形态特征

外形奇特，头胸甲圆形，壳表面有颗粒状隆起，在前部及中部特别显著。鳃区各有一个深紫色圆斑，如虎眼状；蟹外壳的花纹也如老虎的皮色一样，故被称作"虎头蟹"。

（3）生态习性

中华虎头蟹在辽河口滩涂较少出现。

8. 秉氏泥蟹

（1）分类地位

秉氏泥蟹（*Ilyoplax pingi*）属于软甲纲（Malacostraca）十足目（Decapoda）毛带蟹科（Dotillidae）泥蟹属（*Ilyoplax*）。

（2）形态特征

体厚，头胸甲呈矩形，表面粗糙具颗粒，颗粒上具短刚毛，有些颗粒在鳃区后部排列成横短隆线，后侧具一弯曲的带毛隆线。额宽小于头胸甲宽度的 1/4，前缘中部向下弯，表面中部有宽的纵沟，向后延伸至胃区。眼窝宽而深，背缘具微细颗粒，外眼窝齿呈三角形。秉氏泥蟹步足具明显毛，螯足可动指具一大一小齿。

（3）生态习性

秉氏泥蟹主要分布在辽河口滩涂的高潮带区域，较为少见。

9. 细螯虾

（1）分类地位

细螯虾（*Leptochela gracilis*）属于软甲纲（Malacostraca）十足目（Decapoda）玻璃虾科（Pasiphaeidae）细螯虾属（*Leptochela*）。俗称"麦杆虾"。

（2）形态特征

体形小，甲壳厚而光滑，额角短小，体透明，散布有红色斑点。

（3）生态习性

细螯虾主要分布在辽河口滩涂的低潮带区域，并且较为常见。

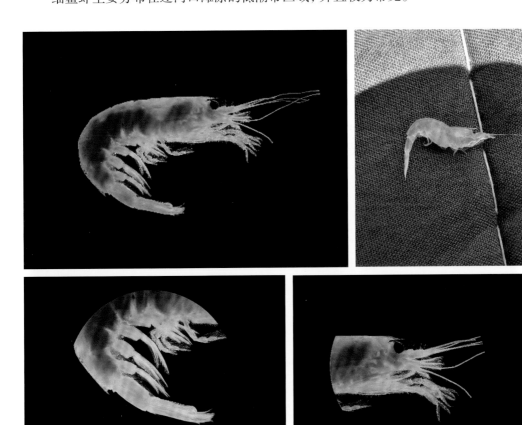

10. 朝鲜独眼钩虾

（1）分类地位

朝鲜独眼钩虾（*Monoculodes koreanus*）属于软甲纲（Mala-costraca）端足目（Amphipoda）合眼钩虾科（Oedicerotidae）独眼钩虾属（*Monoculodes*）。

（2）形态特征

身体较强壮，额角尖，中等下弯，额侧叶尖。眼大，位于额角。尾节末端略窄，末缘中间稍凹。第3~4步足指节短，第7步足基节宽阔。

（3）生态习性

朝鲜独眼钩虾主要分布在辽河口滩涂的低潮带区域，是勺嘴鹬等水鸟的主要食物之一。

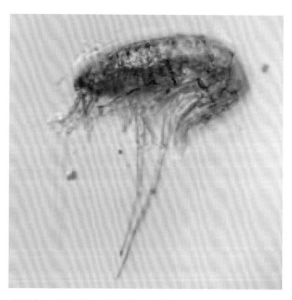

（引自红树林基金会微信公众号）

11. 胶州湾壳颚钩虾

（1）分类地位

胶州湾壳颚钩虾（*Chitinomandibulum jiaozhuwanensis*）属于软甲纲（Malacostraca）端足目（Amphipoda）合眼钩虾科（Oedicerotidae）壳颚钩虾属（*Chitinomandibulum*）。

（2）形态特征

体躯胸部侧扁，腹部背腹压低，乳白色，第一腹节至第三腹节后缘具褐色素。头部额角尖而短，下弯，短于触角第一柄节，侧叶尖。眼卵圆，在头背部靠近，无色素，处于额角基部。第一腹节至第三腹节后背缘突出。尾节完全。

（3）生态习性

胶州湾壳颚钩虾主要分布在辽河口滩涂的低潮带区域，较为常见。

整体

头部

12. 尖顶大狐钩虾

（1）分类地位

尖顶大狐钩虾（*Grandifoxus aciculata*）属于软甲纲（Malacostraca）端足目（Amphipoda）尖头钩虾科（Phoxocephalidae）大狐钩虾属（*Grandifoxus*）。

（2）形态特征

体躯较胖圆，略侧扁。头部前延，侧缘紧缩，额角较长，侧叶略突，眼圆中等。胸部节光滑。尾节长宽之比约为 4∶3，裂刻几乎达基部，每叶末端圆稍斜，具 3 刺和 1 细短刚毛，背部近末半具 1 刺，基半部具 1 刚毛。

（3）生态习性

尖顶大狐钩虾主要分布在辽河口滩涂的低潮带区域，偶尔出现。

整体仰视

整体背视

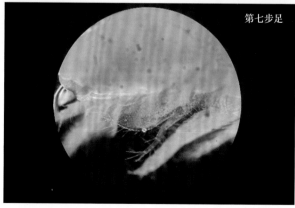
第七步足

13. 东方长眼虾

（1）分类地位

东方长眼虾（*Ogyrides orientalis*）属于软甲纲（Malacostraca）十足目（Decapoda）长眼虾科（Ogyrididae）长眼虾属（*Ogyrides*）。

（2）形态特征

身体略呈圆柱状，长 15~25 mm。额角短小，末端钝圆，上下缘不具齿。头胸甲表面布有许多小凹点及短毛，额角及头胸甲背面毛较长；背面中央前半部具纵脊，脊前部具 3 ~ 5 个活动刺；具微小的触角刺。腹部圆滑，尾节约与第 6 节等长，长大于宽，略呈倒梯形，末缘弧形。

（3）生态习性

东方长眼虾主要分布在辽河口滩涂的低潮带区域，较为常见。

整体

头胸部

14. 平尾拟棒鞭水虱

（1）分类地位

平尾拟棒鞭水虱（*Cleantioides planicauda*）属于软甲纲（Malacostraca）等足目（Isopoda）盖鳃水虱科（Idotheidae）拟棒鞭水虱属（*Cleantioides*）。

（2）形态特征

体扁平，体后宽度几乎相等。头部前缘中凹，底节板明显。腹部第1节分离，第2~3节在中央处愈合，末端突出，呈钝三角形。第一触角柄短小，3节；第二触角柄5节，棒状，向后可伸至第3胸节。体呈淡黄色或黄褐色，背面常有白斑。

（3）生态习性

平尾拟棒鞭水虱主要分布在辽河口滩涂的低潮带区域，较为少见。

15. 三叶针尾涟虫

（1）分类地位

三叶针尾涟虫（*Diastylis tricincta*）属于软甲纲（Malacostraca）涟虫目（Cumacea）针尾涟虫科（Diastylidae）针尾涟虫属（*Diastylis*）。

（2）形态特征

头胸甲长约为体长的 0.3 倍，长稍大于宽。假额角尖锐，突出，触角缺刻不明显。眼叶较发达。胸部 5 节，稍长于头胸甲。

（3）生态习性

三叶针尾涟虫主要分布在辽河口滩涂的低潮带区域，是勺嘴鹬等水鸟的主要食物之一。

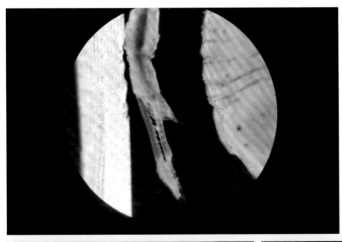

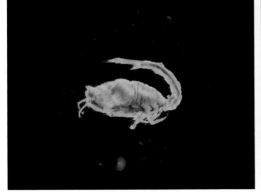
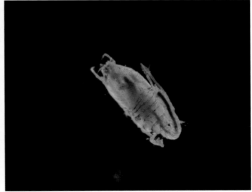

四、腕足动物门

鸭嘴海豆芽

（1）分类地位

鸭嘴海豆芽（*Lingula anatina*）属于海豆芽纲（Lingulata）海豆芽目（Lingulida）海豆芽科（Lingulidae）海豆芽属（*Lingula*）。

（2）形态特征

壳壁脆、薄，一般由壳多糖和磷灰质交互成层。两片壳通常称为背壳和腹壳。壳前端有 3 条水管，左右两侧的为进水管，中央的为出水管。内部突出的触手冠为中空的触手围绕着的冠状物。

（3）生态习性

鸭嘴海豆芽主要分布在辽河口滩涂的中潮带区域，较为少见。

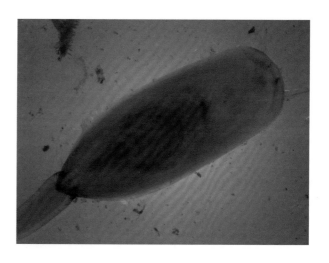

五、扁形动物门

平角涡虫

（1）分类地位

平角涡虫（*Paraplanocera reticulata*）属于涡虫纲（Turbellaria）多肠目（Polycladida）平角科（Planoceridae）副平角涡虫属（*Paraplanocera*）。

（2）形态特征

体扁平略呈卵圆形，前端稍宽而后端较狭窄。体为灰褐色，周围颜色较深。黑色素颗粒呈网状排列，中央部狭长的区域颜色较浅，腹面的颜色也较淡。口位于腹面中央。

（3）生态习性

平角涡虫主要分布在辽河口滩涂的中潮带区域，较为少见。

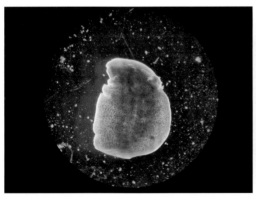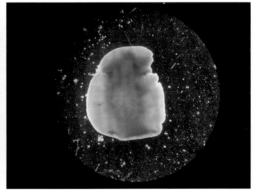

第3章

辽河口滩涂鸟类

一、黑嘴鸥

（一）分类地位

黑嘴鸥（*Saundersilarus saundersi*）属于鸻形目（Charadriiformes）鸥科（Laridae）属（*Saundersilarus*）。

（二）形态特征

嘴黑色，脚红色，头黑色，眼上具白色星月形斑，在黑色的头上极为醒目。

（三）生态习性

黑嘴鸥在辽河口滩涂属常见鸟、明星物种和旗舰型珍稀候鸟。每年2月下旬至10月上旬，均能观察到黑嘴鸥。辽河口是世界上最大的黑嘴鸥繁殖地，全世界50%以上的黑嘴鸥在此繁殖。辽河口的黑嘴鸥种群数量也在不断增加，由20世纪90年代初的1200余只发展至2022年的12 000万余只，繁殖成功率从过去的不到30%提升至60%~70%，成为国内濒危物种保护最成功的案例之一。

黑嘴鸥主要栖息于沿海滩涂、沼泽及河口地带。黑嘴鸥食性较杂，一般以动物性食物为主，如双齿围沙蚕、日本角沙蚕、弹涂鱼和小型蟹类等。

（四）保护级别

全球易危物种，《国家重点保护野生动物名录》（Ⅰ级），《世界自然保护联盟濒危物种红色名录》（易危）。

二、大滨鹬

（一）分类地位

大滨鹬（*Calidris tenuirostris*）属于鸻形目（Charadriiformes）鹬科（Scolopacidae）滨鹬属（*Calidris*）。

（二）形态特征

脸和颈侧、前颈白色具细的黑褐色纵纹，贯眼纹黑褐色但不甚明显。背、肩和翅上覆羽灰褐色具黑褐色轴纹及淡色羽缘，肩具显著的栗红色斑和白色羽缘，腰和尾上覆羽白色微具黑色斑点或横斑；尾淡灰褐色或黑褐色，具淡色端缘。

（三）生态习性

大滨鹬喜欢潮间滩涂及沙滩，常结大群活动。辽河口成为大滨鹬最重要的迁徙停歇地之一。大滨鹬在辽河口属旅鸟，有部分度夏。大滨鹬主要以甲壳动物、软体动物、昆虫及其幼虫为食。

（四）保护级别

全球性濒危鸟类，《国家重点保护野生动物名录》（Ⅱ级），《世界自然保护联盟濒危物种红色名录》（濒危）。

三、白腰杓鹬

（一）分类地位

白腰杓鹬（*Numenius arquata*）属于鸻形目（Charadriiformes）鹬科（Scolopacidae）杓鹬属（*Numenius*）。

（二）形态特征

白腰杓鹬有勺子般下弯的喙，喙长是头长的3倍。

（三）生态习性

白腰杓鹬主要在潮间带滩涂进行觅食，主要取食沙蚕、天津厚蟹、日本大眼蟹和宽身大眼蟹等大型底栖动物。多见单独活动，有时结小群或与其他种类混群。

（四）保护级别

全球性易危鸟类，《国家重点保护野生动物名录》（Ⅱ级），《世界自然保护联盟濒危物种红色名录》（近危）。

四、大杓鹬

（一）分类地位

大杓鹬（*Numenius madagascariensis*）属于鸻形目（Charadriiformes）鹬科（Scolopacidae）杓鹬属（*Numenius*）。

（二）形态特征

上体黑褐色，羽缘白色和棕白色，使上体呈黑白而沾棕的花斑状。颈部白色羽缘较宽，使黑褐色变为更细的纵纹，因而使颈部显得较白。有勺子般下弯的喙，喙长约为头长的 3.5 倍。

（三）生态习性

大杓鹬在辽河口属旅鸟，观察季为每年 3 月下旬至 12 月上旬。大杓鹬主要摄食天津厚蟹、日本大眼蟹和宽身大眼蟹等蟹类，另外还摄食沙蚕等大型底栖动物。

（四）保护级别

全球性濒危鸟类，《国家重点保护野生动物名录》（Ⅱ级），《世界自然保护联盟濒危物种红色名录》（濒危）。

五、中杓鹬

（一）分类地位

中杓鹬（*Numenius phaeopus*）属于鸻形目（Charadriiformes）鹬科（Scolopacidae）杓鹬属（*Numenius*）。

（二）形态特征

嘴长且下弯，喙长约为头长的两倍，基部淡褐色或肉色。黄白色中央冠纹，眉纹白色。整体灰褐色，有白色斑点，雌雄外貌相似。与白腰杓鹬相像，但体型小许多，嘴也相对短些。

（三）生态习性

中杓鹬常在沼泽、河岸草地、湿地、河流等区域栖息生活。主要摄食一些昆虫及其幼虫、甲壳动物等小型无脊椎动物，常常将嘴巴插入泥中觅食。

（四）保护级别

中杓鹬为无生存危机的物种。

六、半蹼鹬

（一）分类地位

半蹼鹬（*Limnodromus semipalmatus*）属于鸻形目（Charadriiformes）鹬科（Scolopacidae）半蹼鹬属（*Limnodromus*）。

（二）形态特征

夏羽头、颈棕红色，贯眼纹黑色，一直延伸到眼先。后颈具黑色纵纹；翕棕红色，羽毛具宽的黑色中央纵斑。

（三）生态习性

半蹼鹬主要栖息于湖泊、河流及沿海岸边草地和沼泽地。半蹼鹬主要以昆虫及其幼虫、蠕虫和软体动物为食，觅食时频繁地将嘴插入泥中直至嘴基。半蹼鹬在辽河口为旅鸟，迁徙季为每年4月中旬至5月中旬和8月下旬至9月下旬。

（四）保护级别

《国家重点保护野生动物名录》（Ⅱ级），《世界自然保护联盟濒危物种红色名录》（近危）。

七、阔嘴鹬

（一）分类地位

阔嘴鹬（*Calidris falcinellus*）属于鸻形目（Charadriiformes）鹬科（Scolopacidae）滨鹬属（*Calidris*）。

（二）形态特征

夏羽头顶黑褐色，眼上具两道白眉，其中上道较细、下道较粗，二者在眼前合二为一，并沿眼先延伸到嘴基。贯眼纹黑褐色，但眼后贯眼纹不明显。翕、肩和三级飞羽黑褐色，具白色和淡栗色羽缘和宽的灰白色尖端。翕和肩部的白色羽缘在背部形成"V"形斑。翅上覆羽褐色，小覆羽和初级镀羽黑色，中镀羽具白色羽缘。飞羽黑色。

（三）生态习性

阔嘴鹬在辽河口属旅鸟，迁徙季为每年4月中旬至6月中旬和7月上旬至10月下旬。

（四）保护级别

《国家重点保护野生动物名录》（Ⅱ级），《世界自然保护联盟濒危物种红色名录》（易危）。

八、红脚鹬

（一）分类地位

　　红脚鹬（*Tringa totanus*）属于鸻形目（Charadriiformes）鹬科（Scolopacidae）鹬属（*Tringa*）。

（二）形态特征

　　体型小，上体褐灰色，下体白色，尾上具黑白色细斑，虹膜黑褐色，喙长直而尖，基部橙红色，尖端黑褐色，脚较细长，亮橙红色。飞行时腰部白色明显，次级飞羽具明显白色外缘。

（三）生态习性

　　红脚鹬常单独或集小群或与其他鸻鹬类混群活动，在泥滩上走动觅食。主要以各种小型陆栖动物和水生无脊椎动物为食。

（四）保护级别

　　《世界自然保护联盟濒危物种红色名录》（无危）。

九、长趾滨鹬

（一）分类地位

长趾滨鹬（*Calidris subminuta*）属于鸻形目（Charadriiformes）鹬科（Scolopacidae）滨鹬属（*Calidris*）。小型涉禽。

（二）形态特征

嘴较细短、黑色。脚黄绿色，趾较长。具显著的白色眉纹。下体白色，颈侧、胸侧淡棕褐色具黑色纵纹。飞翔时背上的"V"

形白斑和尾两侧的白色以及白色翅带均甚明显。

（三）生态习性

长趾滨鹬主要在植物丰富的水边泥地及浅水处栖息活动和觅食。食物以昆虫及其幼虫、软体动物等小型无脊椎动物为主。

（四）保护级别

《世界自然保护联盟濒危物种红色名录》（无危）。

十、红腹滨鹬

（一）分类地位

红腹滨鹬（*Calidris canutus*）属于鸻形目（Charadriiformes）鹬科（Scolopacidae）滨鹬属（*Calidris*）。

（二）形态特征

夏季头顶至后颈锈棕红色，缀有白色，并具细密的黑色纵纹；背、肩黑色，具棕色斑纹和白色羽缘。腰和尾上覆羽白色，具黑色横斑，并微缀有棕色。

（三）生态习性

红腹滨鹬迁徙过程中在我国渤海滩涂湿地停歇中转，进行摄食、补充能量。红腹滨鹬主要以软体动物、甲壳动物、昆虫及其幼虫等小型无脊椎动物为食，觅食时常将嘴插入泥中探觅食物。

（四）保护级别

《世界自然保护联盟濒危物种红色名录》（近危）。

十一、黑腹滨鹬

（一）分类地位

黑腹滨鹬（*Calidris alpina*）属于鸻形目（Charadriiformes）鹬科（Scolopacidae）滨鹬属（*Calidris*）。

（二）形态特征

有独特的驼背轮廓，黑色的嘴略长，末端下弯。夏季繁殖羽上体栗红色，腹部白色有大块黑斑，非常好辨识。它在非繁殖羽时身体为均匀的灰褐色，没有显著特征，易与弯嘴滨鹬混淆。区别在于它的嘴比弯嘴滨鹬略直，白色眉纹不明显，而且身形没有弯嘴滨鹬挺拔并稍小一些。

（三）生态习性

黑腹滨鹬常成群活动于水边沙滩，泥地或水边浅水处。主要以甲壳动物、软体动物、蠕虫、昆虫及其幼虫等各种小型无脊椎动物为食。

（四）保护级别

《世界自然保护联盟濒危物种红色名录》（无危）。

十二、红颈滨鹬

（一）分类地位

红颈滨鹬（*Calidris ruficollis*）属于鸻形目（Charadriiformes）鹬科（Scolopacidae）滨鹬属（*Calidris*）。

（二）形态特征

腿黑色，上体色浅而具纵纹。冬羽上体灰褐色，多具杂斑及纵纹；眉线白；腰的中部及尾深褐色；尾侧白色；下体白色。与长趾滨鹬区别在于灰色较深而羽色单调，腿黑色。与小滨鹬区别在于嘴较粗厚，腿较短而两翼较长。

（三）生态习性

红颈滨鹬主要在海边潮间带滩涂栖息活动和觅食，以昆虫及其幼虫、蠕虫、甲壳动物和软体动物为主要食物。

（四）保护级别

《世界自然保护联盟濒危物种红色名录》（近危）。

十三、弯嘴滨鹬

（一）分类地位

弯嘴滨鹬（*Calidris ferruginea*）属于鸻形目（Charadriiformes）鹬科（Scolopacidae）滨鹬属（*Calidris*）。

（二）形态特征

体型略小，腰部白色明显，嘴长而下弯。上体大部灰色几无纵纹，下体白色，眉纹、翼上横纹及尾上覆羽的横斑均白色。

（三）生态习性

弯嘴滨鹬常成群在水边沙滩、泥地和浅水处活动和觅食。也常与其他鹬混群。主要以甲壳动物、软体动物、蠕虫和水生昆虫为食。觅食时常把嘴插入沙土或泥中探觅食物，有时也进入深水中觅食。

（四）保护级别

《世界自然保护联盟濒危物种红色名录》（近危）。

十四、尖尾滨鹬

（一）分类地位

尖尾滨鹬（*Calidris acuminata*）属于鸻形目（Charadriiformes）鹬科（Scolopacidae）滨鹬属（*Calidris*）。

（二）形态特征

体型略小而嘴短。头顶棕色，眉纹色浅，胸皮黄色，下体具粗大的黑色纵纹。

（三）生态习性

尖尾滨鹬繁殖期主要栖息于西伯利亚冻原平原地带，非繁殖期主要栖息于海岸、河口以及附近的低草地和农田地带。主要以蚊和其他昆虫幼虫为食，亦食甲壳动物和软体动物等大型底栖动物。

（四）保护级别

《世界自然保护联盟濒危物种红色名录》（易危）。

十五、斑尾塍鹬

（一）分类地位

斑尾塍鹬（*Limosa lapponica*）属于鸻形目（Charadriiformes）鹬科（Scolopacidae）塍鹬属（*Limosa*）。

（二）形态特征

体大且腿长；嘴略微上翘，嘴基部粉红色，端部黑色。最明显的一个特征是喙特别长，腿较长，显得体型圆鼓鼓的。体羽在非繁殖期颜色较为暗淡，繁殖期变为深栗色。

（三）生态习性

每年4月上旬到5月上旬是斑尾塍鹬"万里大迁徙"途中停驻辽河口地区的高峰期。斑尾塍鹬迁徙期间主要以昆虫和软体动物为食，进食时头部动作快，头深插入水，将嘴巴插入到软泥中搜寻。

（四）保护级别

《世界自然保护联盟濒危物种红色名录》（近危）。

十六、翻石鹬

（一）分类地位

翻石鹬（*Arenaria interpres*）属于鸻形目（Charadriiformes）鹬科（Scolopacidae）翻石鹬属（*Arenaria*）。

（二）形态特征

楔形喙长，略微上翘。腿相当短，呈亮橙色。具有棕红色翼羽，胸前及颈部的大块黑色是其显著特征，眼部周围具黑色带。

（三）生态习性

由于会用微向上翘的喙翻动石头或其他物体觅食，得名翻石鹬。翻石鹬通过轻弹、推和啄食来操控海藻堆，以发现隐藏在下面的小甲壳动物或腹足类软体动物；或用喙轻弹石块，来摄食小甲壳动物和双足类动物等大型底栖动物。

（四）保护级别

《国家重点保护野生动物名录》（Ⅱ级），《世界自然保护联盟濒危物种红色名录》（无危）。

十七、黑尾塍鹬

（一）分类地位

黑尾塍鹬（*Limosa limosa*），属于鸻形目（Charadriiformes）鹬科（Scolopacidae）塍鹬属（*Limosa*）。

（二）形态特征

腿长，嘴长。夏羽头栗色。与斑尾塍鹬相似，但体型较大，嘴不上翘，尾前半部近黑色，腰及尾基白色。

（三）生态习性

黑尾塍鹬主要栖息在沿海泥滩、河流两岸及湖泊。食性同斑尾塍鹬，但更喜欢淤泥，头往泥里探得更深，有时头的大部分都埋在泥里。

（四）保护级别

《世界自然保护联盟濒危物种红色名录》（近危）。

十八、矶鹬

（一）分类地位

矶鹬（*Actitis hypoleucos*）属于鸻形目（Charadriiformes）鹬科（Scolopacidae）矶鹬属（*Actitis*）。

（二）形态特征

下体白色，胸侧白色延伸入肩部，仿佛穿了一件白色的肚兜，憨态可掬。矶鹬体形较林鹬略小。背和尾上覆羽概呈橄榄褐色，闪铜褐色光泽，具纤细的黑色羽干纹。

（三）生态习性

矶鹬是一种湿地较为常见的鹬类。矶鹬生性活泼，走动时喜欢点头，休息时尾巴也会不断地上下摆动。

（四）保护级别

《世界自然保护联盟濒危物种红色名录》（无危）。

十九、蛎鹬

（一）分类地位

蛎鹬（*Haematopus ostralegus*）属于鸻形目（Charadriiformes）蛎鹬科（Haematopodidae）蛎鹬属（*Haematopus*）。俗称"海老鸦""海喜鹊""红脚鸡"。

（二）形态特征

嘴粗而长，端钝，为橙红色。跗跖短粗，呈粉红色。头、颈、上胸、上背和肩黑色，泛亮光。下背、腰、尾上覆羽和尾羽基部白色；尾羽余部黑色。

（三）生态习性

蛎鹬栖息于沿海多岩石或沙滩的海滨、河口、沙洲、岛屿等区域。蛎鹬大多数单个活动，飞翔力强。主要以甲壳动物、软体动物、蠕虫、沙蚕等为食。当蛎鹬在柔软的潮间带基质上觅食时，用喙尖翻转石头探觅食物,觅食贝类(双壳类和腹足类)时通常将锋利的嘴直接插入贝壳内。

（四）保护级别

《世界自然保护联盟濒危物种红色名录》（近危）。

二十、反嘴鹬

（一）分类地位

反嘴鹬（*Recurvirostra avosetta*）属于鸻形目（Charadriiformes）反嘴鹬科（Recurvirostridae）反嘴鹬属（*Recurvirostra*）。

（二）形态特征

中型涉禽。嘴黑色，细长而向上翘。脚亦较长，青灰色。头顶从前额至后颈黑色，翼尖和翼上及肩部两条带斑黑色，其余体羽白色。飞翔时，反嘴鹬黑色头顶、黑色翅尖，以及背肩部和翅上的黑带与白色的体羽和远远伸出于尾后的暗色脚形成鲜明对比。

（三）生态习性

反嘴鹬的嘴，不仅造型独特，而且是捕食利器。反嘴鹬以藏匿于水底泥沙中的甲壳动物、水生昆虫及其幼虫、蠕虫和软体动物等无脊椎动物为主要食物。它常将嘴伸入滩涂的泥沙里面，左右来回扫动觅食。

（四）保护级别

《世界自然保护联盟濒危物种红色名录》（无危）。

二十一、红颈瓣蹼鹬

（一）分类地位

红颈瓣蹼鹬（*Phalaropus lobatus*）属于鸻形目（Charadriiformes）鹬科（Scolopacidae）瓣蹼鹬属（*Phalaropus*）。

（二）形态特征

个体小。嘴黑色细长，嘴尖似针。雌鸟的繁殖羽比雄鸟艳丽。非繁殖羽雌、雄相似，全身灰、白两色，眼周围的黑斑向后延伸。

（三）生态习性

红颈瓣蹼鹬为海洋性鹬类。红颈瓣蹼鹬多取食甲壳动物和软体动物，有时也会食用浮游生物。

（四）保护级别

《世界自然保护联盟濒危物种红色名录》（无危）。

二十二、三趾滨鹬

（一）分类地位

三趾滨鹬（*Calidris alba*）属于鸻形目（Charadriiformes）鹬科（Scolopacidae）滨鹬属（*Calidris*）。

（二）形态特征

体长约 20 cm，是一种近灰色的涉禽。比其他滨鹬白，飞行时翼上具白色宽纹；尾中央色暗，两侧白色；肩羽明显黑色。夏季鸟上体赤褐色。特征为无后趾。

（三）生态习性

三趾滨鹬通常随落潮在水边奔跑，同时捡食潮水冲刷出来的小食物。主要以甲壳动物、软体动物、蚊类和其他昆虫幼虫等小型无脊椎动物为食。

（四）保护级别

《世界自然保护联盟濒危物种红色名录》（无危）。

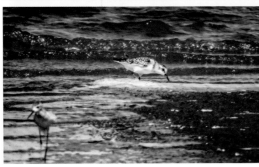

二十三、灰尾漂鹬

（一）分类地位

灰尾漂鹬（*Tringa brevipes*）属于鸻形目（Charadriiformes）鹬科（Scolopacidae）鹬属（*Tringa*）。

（二）形态特征

中等体型、低矮型暗灰色鹬，小型涉禽。嘴粗且直，过眼纹黑色，眉纹白色，腿短，黄色。颏近白色，上体体羽全灰色，胸浅灰色，腹白色，腰具横斑。飞行时翼下色深。

（三）生态习性

灰尾漂鹬喜欢栖息在沿海滩涂，主要在水边浅水处和潮间带觅食。主要以石蛾、毛虫、水生昆虫、甲壳动物和软体动物为食。

（四）保护级别

《世界自然保护联盟濒危物种红色名录》（近危）。

二十四、青脚滨鹬

（一）分类地位

青脚滨鹬（*Calidris temminckii*）属于鸻形目（Charadriiformes）鹬科（Scolopacidae）滨鹬属（*Calidris*）。

（二）形态特征

体型娇小可爱，体色素雅，雌性和雄性形态和体色相似。成鸟头顶至颈后为灰褐色，间杂有暗色条纹。多数羽毛有栗色羽缘和黑色纤细羽干纹。腹部为白色，胸部有一淡褐色渐渐过渡到灰褐色的胸带。外侧 2~3 对尾羽在飞行时显露为全白色，腿部多为黄色或绿色。

（三）生态习性

青脚滨鹬主要栖息于沿海潮间带泥滩和内陆湖泊、河流、水塘、沼泽湿地及农田地带等淡水水域。单独或成小群活动，迁徙期间有时亦集成大群。主要以昆虫及其幼虫、蠕虫、甲壳动物和多毛类为食。

（四）保护级别

《世界自然保护联盟濒危物种红色名录》（无危）。

二十五、青脚鹬

（一）分类地位

青脚鹬（*Tringa nebularia*）属于鸻形目（Charadriiformes）鹬科（Scolopacidae）鹬属（*Tringa*）。

（二）形态特征

因其腿绿色，所以得名青脚鹬。嘴长而粗，且略向上翘，这是与泽鹬最明显的一个区分特征。

（三）生态习性

青脚鹬在我国主要为旅鸟和冬候鸟。多喜欢在河口沙洲、沿海沙滩，以及平坦的泥泞地和潮间地带活动和觅食。青脚鹬主要以甲壳动物、小型鱼类、软体动物、水生昆虫及其幼虫为食。常单独或成对在水边浅水处涉水觅食，有时也进到齐腹深的深水中觅食。

（四）保护级别

《世界自然保护联盟濒危物种红色名录》（无危）。

二十六、流苏鹬

（一）分类地位

流苏鹬（*Calidris pugnax*）属于鸻形目（Charadriiformes）鹬科（Scolopacidae）滨鹬属（*Calidris*）。

（二）形态特征

繁殖季节雄鸟脖子上蓬松的繁殖羽，看似爆炸样式的流苏装饰，故得名。流苏鹬雄鸟有 3 种类型；饰羽颜色也多变，有栗褐色、栗红色、灰白色、白色、浅黄色、黑紫色光泽等，看起来像是好几种鸟，在鸟中独树一帜、特征突出。

（三）生态习性

流苏鹬喜欢沼泽地带及沿海滩涂，与其他涉禽混群。常边走边啄食。以软体动物、昆虫和甲壳动物等为食。

（四）保护级别

《世界自然保护联盟濒危物种红色名录》（无危）。

二十七、林鹬

（一）分类地位

林鹬（*Tringa glareola*）属于鸻形目（Charadriiformes）鹬科（Scolopacidae）鹬属（*Tringa*）。俗称"林扎子""鹰斑鹬"。

（二）形态特征

身体呈褐灰色和白色。体型略小，全长约 20 cm。上体灰褐色而具斑点；眉纹长，白色；尾白色而具褐色横斑。飞行时尾部的横斑、白色的腰部及下翼以及翼上无横纹为其特征。脚远伸于尾后。

（三）生态习性

林鹬主要栖息于沿海多泥环境，繁殖于欧亚大陆北部，以水生昆虫、软体动物和甲壳动物为食。

（四）保护级别

《世界自然保护联盟濒危物种红色名录》（无危）。

二十八、泽鹬

（一）分类地位

泽鹬（*Tringa stagnatilis*）属于鸻形目（Charadriiformes）鹬科（Scolopacidae）鹬属（*Tringa*）。

（二）形态特征

额白色，嘴黑色而细直，腿长而偏绿色。两翼及尾近黑色，眉纹较浅。上体灰褐色，腰及下背白色，下体白色。与青脚鹬区别是体形较小，额部色浅，腿相应地长且细，嘴较细而直。

（三）生态习性

泽鹬喜欢生活在湖泊、河流、芦苇沼泽、水塘和河口等区域，以水生昆虫、软体动物和甲壳动物为食。常边走边将它细长的嘴插入水边沙地或泥中探觅和啄取食物。

（四）保护级别

《世界自然保护联盟濒危物种红色名录》（无危）。

二十九、灰斑鸻

（一）分类地位

灰斑鸻（*Pluvialis squatarola*）属于鸻形目（Charadriiformes）鹬科（Scolopacidae）斑鸻属（*Pluvialis*）。

（二）形态特征

小型涉禽。嘴峰长度与头等长，端部稍微隆起。鼻孔线形，位于鼻沟内，鼻沟约等于嘴长的2/3。翅尖形。后趾细小或缺失。跗跖修长，胫下部亦裸出。中趾最长，趾间具蹼或不具蹼，后趾形小或退化。

（三）生态习性

灰斑鸻主要栖息于沿海滩涂、河口和潮间带，迁徙季节也会出现在内陆湿地。主要以软体动物、沙蚕、虾和蟹等为食。灰斑鸻喙厚重结实、强而有力，可以把喙插入泥土中，然后把里面的沙虫扯出来。眼睛大，视力好，夜间也能在月光下觅食。

（四）保护级别

《世界自然保护联盟濒危物种红色名录》（无危）。

三十、环颈鸻

（一）分类地位

环颈鸻（*Charadrius alexandrinus*）属于鸻形目（Charadrii-formes）鸻科（Charadriidae）鸻属（*Charadrius*）。

（二）形态特征

小型涉禽，因其白色羽毛在颈部形成一个完整的圈，故得名。嘴短，长度通常不到 25 mm。腹部白色。雌雄个体的羽色有明显差异，雄性个体有明显的黑色领圈和眼纹；雌性个体颜色较为暗淡，颈部没有黑色领圈。

（三）生态习性

环颈鸻栖息于海滨沙滩、泥地、沿海沼泽、河口沙洲，以及盐碱湿地、水稻田等水域岸边，常单独或成小群活动。主要以昆虫、蠕虫、小型甲壳动物和软体动物为食。

（四）保护级别

《世界自然保护联盟濒危物种红色名录》（无危）。

三十一、金眶鸻

（一）分类地位

金眶鸻（*Charadrius dubius*）属于鸻形目（Charadriiformes）鸻科（Charadriidae）鸻属（*Charadrius*）。

（二）形态特征

上体沙褐色，下体白色。有明显的白色领圈，其下有明显的黑色领圈，眼后白斑向后延伸至头顶相连。

（三）生态习性

金眶鸻常栖息于湖泊、河流附近的湿地和沿海海滨，在我国是一种比较常见的鸟类。和大多数鸻鹬类一样，金眶鸻也是一种迁徙的候鸟，只有少数的种群在其分布区属于留鸟。

（四）保护级别

《世界自然保护联盟濒危物种红色名录》（无危）。

三十二、长嘴剑鸻

（一）分类地位

长嘴剑鸻（*Charadrius placidus*）属于鸻形目（Charadriiformes）
鸻科（Charadriidae）鸻属（*Charadrius*）。

（二）形态特征

小型涉禽。长嘴剑鸻和金眶鸻长得十分相似，额白色、头前
部黑色、有黑白两色的颈环和黄色的眼眶。两者的区别在于，一
是金眶鸻金黄色的眼眶比较显眼，而长嘴剑鸻黄色的眼眶更细，
不甚显眼；二是长嘴剑鸻的体型比金眶鸻的体型稍大；三是长嘴
剑鸻的嘴比金眶鸻的嘴长，长度约等于嘴基到眼后的距离，这是
识别长嘴剑鸻的重要特征；四是长嘴剑鸻前额的白色直抵嘴基部，
即额基为白色，而金眶鸻的额基为黑色。

（三）生态习性

长嘴剑鸻是迁徙鸟类，具有极强的
飞行能力。长嘴剑鸻常栖息于海滨、岛屿、
湖泊、池塘、沼泽、水田和盐湖区域。

（四）保护级别

《世界自然保护联盟濒危物种红色
名录》（无危）。

三十三、遗鸥

（一）分类地位

遗鸥（*Larus relictus*）属于鸻形目（Charadriiformes）鸥科（Laridae）鸥属（*Larus*）。

（二）形态特征

中型水禽。成鸟夏羽整个头部深棕褐色至黑色，上沿达后颈，下沿至下喉及前颈，深棕褐色由前向后逐渐过渡成纯黑色，与白色颈部相衔接。眼的上方、下方及后缘具有显著的白斑，颈部白色；背淡灰色；腰、尾上覆羽和尾羽均为纯白色。

（三）生态习性

遗鸥的越冬地主要集中在中国的黄海和渤海地区，其中渤海湾较为集中。遗鸥也是全球为数不多的东西向迁徙鸟类。遗鸥在辽河口为旅鸟分布，迁徙季为每年3月上旬至4月中旬和7月上旬至12月中旬。

（四）保护级别

《世界自然保护联盟濒危物种红色名录》（易危）。

三十四、红嘴巨鸥

（一）分类地位

红嘴巨鸥（*Hydroprogne caspia*）属于鸻形目（Charadrii formes）鸥科（Laridae）巨鸥属（*Hydroprogne*）。俗称"红嘴巨燕鸥""里海燕鸥"。

（二）形态特征

大型海鸟或水鸟，因其嘴颜色鲜红，被称为红嘴，嘴型粗厚而长直。

（三）生态习性

红嘴巨鸥喜欢栖息于海岸沙滩、平坦泥地、岛屿和沿海沼泽地带。主要以小型鱼类为食。当发现水中食物时，两翅频频扇动且嘴朝下在其上空盘旋，然后突然落下，扎入水中和潜入水下捕食。

（四）保护级别

《世界自然保护联盟濒危物种红色名录》（无危）。

三十五、白额燕鸥

（一）分类地位

白额燕鸥（*Sternula albifrons*）属于鸻形目（Charadriiformes）鸥科（Laridae）燕鸥属（*Sternula*）。

（二）形态特征

小型燕鸥。成鸟体色全白，背浅灰色，尾长，头顶黑色，额白色连至眼眉，嘴黄色，嘴端黑色。亚成鸟嘴黑色，肩及翅膀带褐色。

（三）生态习性

白额燕鸥栖息于沿海海岸、岛屿、河口和沿海沼泽与水塘等。以鱼类、虾类和水生昆虫为主食。

（四）保护级别

《世界自然保护联盟濒危物种红色名录》（无危）。

三十六、黑尾鸥

（一）分类地位

黑尾鸥（*Larus crassirostris*）属于鸻形目（Charadriiformes）鸥科（Laridae）鸥属（*Larus*）。

（二）形态特征

中型水禽。成鸟繁殖期头白色，背及翅上深灰黑色，飞行时可见白腰黑尾，翼上全部深色。非繁殖期头顶及颈部具深色斑。虹膜淡黄色，眼睑朱红色；嘴黄色，先端红色，次端斑黑色；脚绿黄色；爪黑色。

（三）生态习性

黑尾鸥主要栖息于沿海海岸沙滩、悬岩、草地以及邻近的湖泊、河流和沼泽地带。有时也到河口、江河下游和附近水库与沼泽地带活动。主要捕食鱼类、甲壳动物及软体动物。

（四）保护级别

国家"三有"保护鸟类。

三十七、西伯利亚银鸥

（一）分类地位

西伯利亚银鸥（*Larus vegae*），属于鸻形目（Charadriiformes）鸥科（Laridae）鸥属（*Larus*）。俗称"织女银鸥"。

（二）形态特征

大型鸟类。无论外形、习性还是叫声都与其他银鸥类似。嘴为黄色，头、颈和下体白色，脚粉红色，肩、背淡灰色，羽末端黑灰色且越往基部颜色越浅。

（三）生态习性

西伯利亚银鸥栖息于滨海海湾、潮间带和礁岩等生境。主要以小型鱼类、甲壳动物和昆虫等为食。

（四）保护级别

国家"三有"保护鸟类。

三十八、北极鸥

（一）分类地位

北极鸥（*Larus hyperboreus*）属于鸻形目（Charadriiformes）鸥科（Laridae）鸥属（*Larus*）。

（二）形态特征

大型鸥类。从外观来看，其羽色整体偏白色。

（三）生态习性

北极鸥在中国东北部的沿海地区为常见冬候鸟。

（四）保护级别

《世界自然保护联盟濒危物种红色名录》（无危）。

三十九、鸥嘴噪鸥

（一）分类地位

鸥嘴噪鸥（*Gelochelidon nilotica*）属于鸻形目（Charadriiformes）鸥科（Laridae）噪鸥属（*Gelochelidon*）。

（二）形态特征

中等体型。尾狭而尖叉，嘴黑色。每年两季换羽，夏季的鸥嘴噪鸥，最明显的特征就是头戴"黑帽"。

（三）生态习性

鸥嘴噪鸥名字里有一个"噪"字，说明它性格非常热闹，叽叽喳喳地不停叫唤，远处就能听到其声音。鸥嘴噪鸥喜欢单独或成小群活动。主要摄食昆虫及其幼虫、小型鱼类、甲壳动物和软体动物。

（四）保护级别

《世界自然保护联盟濒危物种红色名录》（无危）。

四十、翘鼻麻鸭

（一）分类地位

翘鼻麻鸭（*Tadorna tadorna*）属于雁形目（Anseriformes）鸭科（Anatidae）麻鸭属（*Tadorna*）。

（二）形态特征

身着黑、白、褐、红 4 种颜色，体羽颜色醒目。雄性头部和上颈为黑褐色，在光线照射下，显现出绿色光泽，体羽主要为白色，喙为赤红色，基部生有一个突出的红色皮质瘤，颜色艳丽。翘鼻麻鸭既不算鸭，也不是雁，而是一种介于雁和鸭之间的大型鸟类，因它的嘴巴上翘幅度比较大，故称之为翘鼻麻鸭。

（三）生态习性

翘鼻麻鸭属于迁徙鸟类，在泥沙中滤食螺类和其他小型海洋生物。

（四）保护级别

《世界自然保护联盟濒危物种红色名录》（无危）。

四十一、黑脸琵鹭

（一）分类地位

黑脸琵鹭（*Platalea minor*）属于鹈形目（Pelecaniformes）鹮科（Threskiornithidae）琵鹭属（*Platalea*）。

（二）形态特征

中型涉禽。嘴长而直，黑色，上下扁平，先端扩大成匙状。脚较长，黑色，胫下部裸出。额、喉、脸、眼周和眼先全为黑色，并且与嘴之黑色融为一体，故名"黑脸琵鹭"。

（三）生态习性

辽河口是黑脸琵鹭非海岛繁殖地。黑脸琵鹭在辽河口为旅鸟，迁徙季为每年3月和9月至11月。

（四）保护级别

《国家重点保护野生动物名录》（Ⅰ级），《世界自然保护联盟濒危物种红色名录》（濒危）。

四十二、黄嘴白鹭

（一）分类地位

黄嘴白鹭（*Egretta eulophotes*）属于鹈形目（Pelecaniformes）鹭科（Ardeidae）白鹭属（*Egretta*）。

（二）形态特征

中型涉禽。身体纤瘦而修长，嘴、颈、脚均很长。体羽白色，雌雄羽色相似。虹膜淡黄色，腿黑色。

（三）生态习性

黄嘴白鹭在辽河口为旅鸟，迁徙季为每年 3 月中旬至 4 月中旬和 7 月下旬至 10 月下旬。黄嘴白鹭喜欢摄食鱼类、贝类和虾类。

（四）保护级别

《国家重点保护野生动物名录》（Ⅰ级），《世界自然保护联盟濒危物种红色名录》（易危）。

参考文献

冯晨晨，张守栋，刘文亮，等，2019.丹东鸭绿江口湿地春季5种迁徙鹬类的食物组成.复旦学报，58（4）：497–505.

侯文昊，卢伟志，赵开远，等，2019.辽河口红海滩天津厚蟹种群时空分布特征研究.海洋环境科学，38（2）：272–277.

冷宇，张洪亮，王振钟，2017.黄渤海常见底栖动物图谱.北京：海洋出版社.

刘瑞玉，2008.中国海洋生物名录.北京：科学出版社.

敬凯，2005.上海崇明东滩鸻鹬中途停歇生态学研究.上海：复旦大学.

世界自然保护联盟（IUCN），2021. IUCN red list of threatened species. http://www.iucnredlist.org.

孙瑞平，杨德渐，2004.中国动物志 无脊椎动物 第三十三卷 环节动物门 多毛纲Ⅱ.沙蚕目.北京：科学出版社.

吴宝铃，吴启泉，丘建文，等，1997.中国动物志 无脊椎动物 第九卷 多毛纲 Ⅰ.叶须虫目.北京：科学出版社.

徐凤山，张素萍，2008.中国海产双壳类图志.北京：科学出版社.

袁秀堂，赵骞，张安国，2021.辽东湾北部海域环境容量及滩涂贝类资源修复.北京：科学出版社.

张广帅，蔡悦荫，闫吉顺，等，2021.滨海湿地碳汇潜力研究及碳中和建议——以辽河口盐沼湿地为例.环境影响评价，43（5）：18–21.

张素萍，2008.中国海洋贝类图鉴.北京：海洋出版社.

张素萍，张均龙，陈志云，等，2016.黄渤海软体动物图志.北京：科学出版社.

张璇，2012.崇明东滩滨鹬的食物组成类及食物来源.上海：复旦大学.

郑光美，2018.中国鸟类分类与分布名录（第三版）.北京：科学出版社.

朱晶，敬凯，干晓静，等，2007.迁徙停歇期鸻鹬类在崇明东滩潮间带的食物分布.生态学报，27（6）：2149–2156.

LU XIUYUAN, YANG HONGYAN, PIERSMA THEUNIS, et al., 2022. Food resources for Spoon–billed Sandpipers （*Calidris pygmaea*） in the mudflats of Leizhou Bay，southern China. Frontiers in Marine Science，9：

1005327.

ZHANG ANGUO，YUAN XIUTANG，YANG XIAOLONG，et al.，
2016. Temporal and spatial distributions of intertidal macrobenthos in the
sand flats of the Shuangtaizi estuary，Bohai Sea in China. Acta Ecologica
Sinica，36（3）：172–179.

索引 I 底栖动物

中文	拉丁文	页码
浅古铜吻沙蚕	*Glycera subaenea*	015
青蛤	*Cyclina sinensis*	029
全刺沙蚕	*Nectoneathes oxypoda*	011
日本刺沙蚕	*Neanthes Japonica*	020
日本大眼蟹	*Macrophthalmus japonicus*	048，068，069
三叶针尾涟虫	*Diastylis tricincta*	061
双齿围沙蚕	*Perinereis aibuhitensis*	004，010，066
丝异须虫	*Heteromastus filiformis*	022
四角蛤蜊	*Mactra veneriformis*	004，027，028
泰氏笋螺	*Terebra taylori*	045
天津厚蟹	*Helice tientsinensis*	052，068，069，108
托氏蜎螺	*Umbonium thomasi*	004，036
微黄镰玉螺	*Lunatia gilva*	039
文蛤	*Meretrix meretrix*	004，027
细螯虾	*Leptochela gracilis*	055
秀丽织纹螺	*Nassarius festivus*	042
鸭嘴海豆芽	*Lingula anatina*	062
异足索沙蚕	*Lumbrineris heteropoda*	018
杂粒拳蟹	*Philyra heterograna*	051
张氏神须虫	*Eteone tchangsii*	026
智利巢沙蚕	*Diopatra chiliensis*	019
中阿曼吉虫	*Armandia intermdia*	023
中华虎头蟹	*Orithyia sinica*	053
中锐吻沙蚕	*Glycera rouxii*	012
锥唇吻沙蚕	*Glycera onomichiensis*	013
紫彩血蛤	*Nuttallia olivacea*	032
纵肋织纹螺	*Nassarius variciferus*	043

索引 II　鸟类

中文	拉丁名	页码
金眶鸻	*Charadrius dubius*	096，097
阔嘴鹬	*Calidris falcinellus*	072
蛎鹬	*Haematopus ostralegus*	084
林鹬	*Tringa glareola*	083，092
流苏鹬	*Calidris pugnax*	091
鸥嘴噪鸥	*Gelochelidon nilotica*	104
翘鼻麻鸭	*Tadorna tadorna*	105
青脚滨鹬	*Calidris temminckii*	089
青脚鹬	*Tringa nebularia*	090，093
三趾滨鹬	*Calidris alba*	087
弯嘴滨鹬	*Calidris ferruginea*	076，078
西伯利亚银鸥	*Larus vegae*	102
遗鸥	*Larus relictus*	098
泽鹬	*Tringa stagnatilis*	090，093
中杓鹬	*Numenius phaeopus*	005，070